教育部高等学校地矿学科教学指导委员会
矿物加工工程专业规划教材

矿物加工过程检测与控制

主　编　李世厚
副主编　何桂春　王永田

中南大学出版社
www.csupress.com.cn

图书在版编目(CIP)数据

矿物加工过程检测与控制/李世厚主编.—长沙:中南大学出版社,
2011.12

ISBN 978 - 7 -5487 -0099 -9

Ⅰ.矿... Ⅱ.李... Ⅲ.①选矿－自动检测－高等学校－教材
②选矿－过程控制－高等学校－教材 Ⅳ.TD9

中国版本图书馆 CIP 数据核字(2011)第 169734 号

矿物加工过程检测与控制

主编 李世厚

□责任编辑	胡业民	
□责任印制	文桂武	
□出版发行	**中南大学出版社**	
	社址:长沙市麓山南路	邮编:410083
	发行科电话:0731-88876770	传真:0731-88710482
□印　　装	长沙超峰印刷有限公司	
□开　　本	720×1092 1/16　□印张 12　□字数 294 千字　□插页	
□版　　次	2011 年 12 月第 1 版　□2011 年 12 月第 1 次印刷	
□书　　号	ISBN 978 - 7 -5487 -0099 -9	
□定　　价	28.00 元	

图书出现印装问题,请与经销商调换

总序

　　"人口、发展与环境"是 21 世纪人类社会发展的主题，矿物资源是人类社会发展和国民经济建设的重要物质基础。从石器时代到青铜器、铁器时代，到煤、石油、天燃气、原子能的利用，人类社会生产的每一次巨大进步，都伴随着矿物资源利用水平的飞跃发展。

　　人类利用矿物资源已有数千年历史，但直到 19 世纪末至 20 世纪 20 年代，世界工业生产快速发展，对矿物原料的需求增大，加上 18 世纪产业革命的推动，使机械化成为可能。造成了"选矿"技术从古代的手工作业向工业技术的真正转变，使选矿技术在处理天然矿物原料方面获得大规模工业应用。

　　20 世纪 60 年代以来，随着世界经济的快速发展，人类对矿物资源的需求不断增加。特别是 20 世纪 90 年代以来，我国矿产资源消费需求高速增长，而目前我国正进入快速工业化阶段，资源的人均消费量及消费总量仍将高速增长，我国未来发展的资源压力巨大。我国金属矿产资源总量不少，但禀赋差，主要特点是品位低、多金属共生、复杂难处理，无法得到有效利用；金属矿产资源和二次金属资源综合利用率低。

　　矿物加工科学与技术的发展，需要解决以下问题。

　　（1）复杂贫细矿物资源的综合回收：人类对矿物资源的消耗逐年增加，而易选矿物资源的不断开采利用，愈来愈多的是复杂、贫细、大型多金属矿床，需要被开采利用，这些矿床的特点是金属品种及伴生稀有、贵金属品种多、品位低、难处理。

　　（2）废石及尾矿的加工利用：在金属矿选矿过程中，经过碎磨过程，消耗了大量原材料和能耗，一般只回收了占总矿石重量约 10% 的有色金属矿物或约 30% 的黑色金属矿物，大量的伴生非金属矿（尾矿）需要利用。

（3）二次资源：矿山、冶炼厂、化工厂等排出的废水、废渣、废气中的稀有、稀散和贵金属，废旧汽车、电缆、机器及废旧金属制品等二次资源。由于一次资源逐步减少，二次资源的再生利用技术的开发无疑成了矿物加工领域的重要课题。

（4）海洋资源：海洋锰结核、钴结壳是一种赋存于深海底的巨大矿产资源，除含锰外，铜、钴、镍等金属的储量十分丰富，此外，海水中的金属等在未来陆地资源贫化、枯竭时，将成为人类的宝贵资源。

（5）非矿物资源：城市垃圾、废纸、废塑料、油污土壤、石油开采油污水、内陆湖泊中的金属盐、重金属污泥等，更需要新的加工利用技术。

面对上述问题，矿物加工科技工作者及相关学科的科技工作者，在矿物加工领域及相关学科领域不断进行新的探索和研究，矿物加工工程学与相邻学科的相互交叉、渗透、融合，如物理学、化学与化学工程学、生物工程学、数学、计算机科学、采矿工程学、矿物学、材料科学与工程已大大促进了矿物加工学科的拓展，形成各种高效益、低能耗、无污染矿物资源加工新技术及新的研究领域。

矿物加工的主要学科方向有：

（1）浮选化学：浮选电化学；浮选溶液化学；浮选表面及胶体化学。

（2）复合物理场矿物加工：根据流变学、紊流力学、电磁学等研究重力场、电磁力场或复合物理场（重力＋磁力）中，颗粒运动行为，确定细粒矿物的分级、分选条件等。

（3）高效低毒药剂分子设计：根据量子化学、有机化学、表面化学研究药剂的结构与性能关系，针对特定的用途，设计新型高效矿物加工用药剂。

（4）矿物资源的生化提取：用生物浸出、化学浸出、溶剂萃取、离子交换等处理复杂贫细矿物资源，如低品位铜矿、铀矿、金矿的提取，煤脱硫等。

（5）直接还原与矿物原料造块：主要从事矿物原料造块与精加工方面的科学研究。

（6）复杂贫细矿物资源综合利用：研究选－冶联合、选矿、多种选矿工艺（重、磁、浮）联合等处理一些大型复杂贫细多金属矿的工艺技术和基础理论，研究资源综合利用效益。

（7）矿物精加工与矿物材料：通过提纯、超细粉碎、表面改性等方法，不经冶炼，将矿物直接加工成可用的材料。

因此，现今的矿物加工工程科学技术与20世纪90年代以前的相比，已经不可同日而语。为了适应矿业快速发展的形势，国家需要大批具有现代矿物加工知识的专业人才，因此，开展教材建设，更新教材内容对优秀专业人才的培养就显得至关重要。

矿物加工工程专业目前使用的教材，许多是在20世纪90年代前出版的教材基础上，各高校自编的，教材更新已迫在眉睫。近几年尽管出版了一些新教材，但缺乏系统性。随着教育部专业教育规范及专业论证等有关文件的出台，编写系统的、符合矿物加工专业教育规范的全国统编教材，已成为各高校矿物加工专业教学改革的重要任务。2006年10月在中南大学召开的2006—2010年地矿学科教学指导委员会（以下简称地矿学科教指委）成立大会指出教材建设是教学指导委员会的重要任务之一。会上，矿物加工工程专业与会代表酝酿了矿物加工工程专业系列教材的编写拟题，之后，中南大学出版社主动承担该系列教材的出版工作，并积极协助地矿学科教指委于2007年6月在中南大学召开了"全国矿物加工工程专业学科发展与教材建设研讨会"，来自全国17所院校的矿物加工工程专业的领导及骨干教师代表参加了会议，拟定了矿物加工专业系列教材的选题和主编单位。此后分别在昆明和长沙又召开了两次矿物加工专业系列教材编写大纲的审定工作会议。系列教材参编高校开始了认真的编写工作，在大部分教材初稿完成的基础上，2009年10月在贵州大学召开了教材审稿会议，并最终定稿，交由中南大学出版社陆续出版。

本次矿物加工专业系列教材是在总结以往教学和教材编撰经验的基础上，以推动新世纪矿物加工工程专业教学改革和教材建设为宗旨，提出了矿物加工工程专业系列教材的编写原则和要求：①教材的体系、知识层次和结构要合理；②教材内容要体现科学性、系统性、新颖性和实用性；③重视矿物加工工程专业的基础知识，强调实践性和针对性；④体现时代特性和创新精神，反映矿物加工工程学科的新原理、新技术、新方法等。矿物加工科学技术在不断发展，矿物加工工程专业的教材需要不断完善和更新。本系列教材的出版对我国矿物加工工程专业高级人才的培养和矿物加工工程专业教育事业的发展将起到十分积极的推进作用。

感谢所有参加矿物加工专业系列教材编写的老师，感谢中南大学出版社热情周到的出版服务。

王淀佐

2010 年 10 月

前　言

《矿物加工过程检测与控制》教材，是为矿物加工工程四年制本科专业编制的一门专业课程教材，所需学时数为30~60学时，开课学期为第六或第七学期。教材也适合于矿物加工工程技术人员、参数检测与控制的工程技术人员阅读。

矿物加工过程参数的自动检测与控制，自20世纪50年代诞生以来，对矿物加工工程技术发展起到了积极的作用，近年来发展更为迅速，但与化工、冶金、机械等行业的差距日益加大，矿物加工过程参数的自动检测与控制日益受到各方面重视。因此，矿物加工工程领域已经加快步伐，从学校的教学和人才培养入手，各企业、学校、研究院所加大研究投入，大量的自动化机电一体设备，各种仪表控制，由单片机控制、PLC控制、和计算机控制的工艺、设备应运而生。从而提高了工艺、设备的技术水平和装备水平，也很大程度地提高了资源的利用率，节约了材料消耗和能源消耗，减轻了工人的劳动强度，改善了劳动条件，增加了企业的效益。

本教材主要包括以下内容：矿物加工过程参数的自动检测技术及原理，参数检测常用仪器仪表和设备；矿物加工过程参数的经典控制原理和方法，以及在矿物加工过程参数的自动控制中的应用；矿物加工过程参数的计算机控制原理与技术、现代控制原理简介等。

本教材编写的目的是结合当前的教育体制改革，增强学生的能力，拓宽学生的知识面，让学生掌握更多的交叉学科知识，培养更具广泛性矿物加工工程类的人才，特别是加强矿物加工工程专业学生的自动检测与控制知识。要求通过本课程的学习，使学生了解到矿物加工工程与自动化的必然联系及重要性，掌握矿物加工参数的控制原理及自动检测的基本内容，熟悉和了解一些自动检测、自动化系统和仪表的原理及使用方法，为进一步学习和加深矿物加工过程专业知识打下更好的基础。

教材是将矿物加工工艺和设备的特点与跨学科的自动检测和自动控制有机地结合在一起，将发展成熟的传统矿物加工工程技术与现代的检测控制方法结合起来，这将进一步提升传统矿物加工工程专业的水平和增加其内涵，也将推动自动检测和自动控制在矿物加工工程专业中的进一步发展。

　　本教材由昆明理工大学李世厚教授任主编，编写了第1章的内容，第3章的1、2、4、6节的内容；由江西理工大学何桂春教授任副主编，编写了第2章的1、2、3节的内容；由中国矿业大学王永田教授任副主编，由王永田教授、林喆老师编写了第2章的4节以及第3章的5节内容；由昆明理工大学贾瑞强教授参编了第3章的3节以及第3章的7节内容；由昆明理工大学戈保梁教授参编了第4章的内容。

　　由于编者水平有限，错误和不当之处难免。望广大读者给予谅解和批评指正。

编者

2011 年 10 月

目　录

第1章 绪 论

1.1 矿物加工过程检测与控制的意义及内容

1.1.1 矿物加工过程检测与控制的意义

矿物加工是传统的基础工业，目前其突出的问题是能耗高、效率低、劳动生产率低和工人劳动强度大。

随着科学技术的飞速发展，自动检测与自动控制被广泛应用于各个领域。我国矿物加工自动检测与自动控制技术的研究和应用，起步于 20 世纪 70 年代，虽然起步较晚，但发展很快，是一个带有方向性的重要技术领域。

在矿物加工生产过程中，用自动化仪表、自动化设备和装置以及计算机等代替人工，对生产过程的物料量、浓度、粒度、成分、流量、料位、药剂量、pH 值等参数，按工艺要求进行检测与控制，称为矿物加工过程自动检测与自动控制。自动检测与自动控制的主要作用是保证生产过程稳定，保证产品质量，提高资源利用率，充分发挥生产设备潜力，提高劳动生产率，节约原材料，减少能量消耗和废物排放，降低生产成本，提高经济效益，减轻操作工人和管理者的劳动强度。如矿物加工工厂采用自动检测与控制后，一般可使设备生产能力提高 10% ~15%，能耗减少 5% ~40%，劳动生产率提高 25% ~50%，生产成本降低 3% ~5%。

矿物加工自动化技术自产生以来，取得了重大的进展，从根本上改变了传统生产技术落后的局面。按传统的矿物加工生产，工人凭经验对工艺参数进行人工调节，对生产过程的控制既不及时又不准确，因此较难获得好的生产技术指标，同时劳动强度也大。自动检测能够及时准确地获得矿物加工过程各参数，自动控制能够及时根据自动检测的结果，准确地对相关变量进行调节及控制。这两项自动化技术的应用提高了矿物加工指标，节约了能耗，减轻了工人的劳动强度。特别是近年来发展起来的矿物加工智能控制技术，能够综合考虑矿物加工过程中各项影响因素，自动对各变量进行有效控制，使矿物加工指标达到最佳值。

近年来，矿物加工领域不断采用新工艺、新设备，如大型磨矿机、自动压滤机、自动拣选机、大型浮选机、浮选柱等新设备和选冶联合、生物浸出、化学矿物加工等新工艺。要保证生产过程稳定、设备高效率运行和矿物加工产品质量靠传统的人工操作是不容易达到的，这就需要靠自动检测和自动控制来实现。在对传统选厂的工艺、设备技术改造和升级中，采用自动检测与控制技术，其效果也很显著。因此，实现矿物加工工艺过程和装备的自动检测与控制，对发展我国国民经济，提高工业生产技术水平，有重要的意义。

1.1.2 矿物加工过程检测与控制的主要内容

矿物加工过程检测与控制主要包括对破碎、筛分、磨矿与分级、选别、过滤、浓缩、尾矿输送等生产过程的自动检测与控制。目前，在矿物加工自动化技术中，应用最广泛最成熟的几项技术包括：碎矿过程的 PLC 时序控制，磨矿与分级过程的多参数综合控制，浮选过程基于品位分析的自动加药、矿浆液位自动控制，尾矿高浓度浓缩与输送的控制，铁精矿高浓度远距离管道输送控制等。在参数检测方面，除了常规的矿量、流量、料位、浓度、温度等参数之外，还对一些矿物加工工艺的关键参数，如品位、矿物粒度、矿浆电位、药剂浓度、泡沫图像、煤炭灰分等进行自动检测，这对工艺操作和控制能起到很好的指导作用。另外，变频调速技术的应用对矿物加工生产的节能降耗效果显著，专家系统、模糊控制、最优控制、神经网络控制等先进控制方式与传统的模型控制技术结合应用，也显著地改善了矿物加工过程控制的效果；矿物加工自动化技术与计算机信息管理技术的结合，又使生产管理者产生了观念性的变化。这些都给矿物加工工业的技术进步带了来积极的影响。

矿物加工过程检测与控制的主要参数见表 1-1。

表 1-1 矿物加工工艺过程检测与控制的主要参数

作业名称		选 矿 厂	选 煤 厂
碎碎		1. 给矿量；2. 矿仓料位；3. 产品粒度；4. 破碎机排矿口尺寸；5. 车间粉尘含量；6. 除铁；等等	1. 灰分；2. 过大块含量；3. 金属物；4. 车间粉尘含量；等等
磨矿与分级		1. 给矿量；2. 磨矿浓度；3. 磨机负荷；4. 钢球充填率；5. 补加水量；6. 返砂量；7. 溢流浓度；8. 产品粒度；等等	1. 筛分的处理量；2. 筛下物量；等等
磁选		1. 给矿量；2. 选别浓度；3. 磁场强度；4. 冲洗水量；5. 精矿品位；等等	1. 给矿量；2. 选别浓度；3. 磁场强度；4. 冲洗水量；5. 精矿品位；等等
重选	跳汰	1. 给矿量；2. 筛下补加水量；3. 重产品产率；4. 床层厚度和松散度；等等	1. 给矿量；2. 筛下补加水量；3. 轻产品产率；4. 轻产品灰分；5. 床层厚度和松散度；等等
	重介质	1. 给矿量；2. 给矿浓度；3. 介质密度；4. 介质补加量；等等	1. 给矿量；2. 给矿浓度；3. 介质密度；4. 介质补加量；5. 轻产品灰分；等等
	摇床	1. 给矿量；2. 给矿浓度；3. 重产品产率；4. 冲洗水量；等等	
浮选		1. 给矿量；2. 浮选浓度；3. 浮选时间；4. pH 值；5. 各种药剂添加量；6. 充气量；7. 浮选液面高度；8. 泡沫刮出量；等等	1. 给矿量；2. 浮选浓度；3. 浮选时间；4. pH 值；5. 各种药剂添加量；6. 充气量；7. 浮选液面高度；8. 泡沫刮出量；等等
浓缩、脱水、过滤		1. 精矿量；2. 精矿含水量；3. 过滤机转速；4. 过滤机真空度；5. 压缩空气压力；6. 浓密机底流矿浆浓度；7. 浓密机液流浊度；等等	1. 精矿量；2. 精矿含水量；3. 过滤机转速；4. 过滤机真空度；5. 压缩空气压力；6. 浓密机底流矿浆浓度；7. 浓密机液流浊度；等等

1. 破碎作业的检测和控制

对于多数圆锥破碎机，排矿口尺寸不能动态调整，生产中采用固定排矿口，定期进行人工重新调整的方法来控制产品粒度。控制系统主要选取主传动电机的功率作为被控参数，控制方案一般采用定值功率或优化功率方式，动态调整给矿机给矿量的大小，使主机的负荷稳定运行在设定的范围之内。同时检测冷却润滑系统的温度、压力等，具有完备的保护功能。

细碎、筛分实施自动控制后,破碎机台时处理量可提高10% ~15%。细碎合格粒度提高15%以上,节电20%以上,设备故障率明显降低。

有的圆锥破碎机控制系统,其控制主参数选取了传动电机功率和破碎机排矿口尺寸两个参数作为被控变量,通过检测给矿量、功率、油温、排矿口尺寸等来动态调整排矿口尺寸和给矿量,其目标函数是排矿口尺寸最小、给矿量最大。系统的所有控制动作均是向这两个目标逼近。

目前应用最多和最成熟的破碎作业控制方法是PLC时序控制,某选矿厂2003年厂采用了PLC可编程控制系统,对破碎系统设备的控制方式进行了改造,提高了设备连锁开、停的及时性和有效性。该系统还对设备的运行状况实时检测,通过计算机终端动态显示其运行状况,当设备运行参数超出设定参数时,系统及时报警,当运行设备发生故障时,系统及时指出故障设备,并控制相关设备停止运行,避免事故发生。

2. 磨矿与分级作业参数的检测和控制

磨矿与分级作业是矿物加工工厂生产工艺流程中关键的环节之一,磨矿作业在矿物加工工厂的电耗、钢耗中占有很大的比例。同时,磨矿作业是整个矿物加工工厂的"瓶颈",直接关系到矿物加工生产的处理能力、磨矿产品的质量(粒度特性、单体解离度),对后续作业的指标乃至整个矿物加工工厂的经济、技术指标有很大的影响。

影响磨矿过程指标的因素很多,属于物料性质方面的有矿石可磨性、给料粒度、产品细度等;属于磨机结构方面的有磨机规格、型式、衬板形状等;属于操作方面的有介质形状、尺寸配比及材质、介质充填率、磨机转速率、补加球制度、料球比和磨矿浓度等。上述因素中,第一类和第二类因素一经确定后通常不会改变,通常变化的因素是磨机转速率、介质充填率、料球比和磨矿浓度。一旦磨机转速率固定,则其余三个因素是可变的,它们是磨机中球负荷、物料负荷以及水量的总和,统称为磨机负荷,是磨矿过程的一个重要参数,直接影响到磨矿的效果。在实际生产过程中,由于矿石性质的波动以及许多外界因素的干扰和操作水平的差异等,使球磨机的负荷难以维持在最佳水平。因此,在磨矿过程自动控制中,能否准确检测出球磨机的负荷是整个球磨机优化控制的关键。

为了解决上述问题,人们研究出一种基于多传感器(声音传感器、振动加速度传感器和有功功率传感器)信息融合的球磨机负荷检测系统,此检测系统能够检测出球磨机的内部负荷参数(介质充填率、料球比和磨矿浓度)。最终根据需要来调整介质加入量、给矿量及给水量,从而实现球磨机优化控制的目的。

磨矿与分级过程是一个非线性过程,一般的辨识方法对它不是很有效。人工神经网络技术是新发展起来的一种人工智能技术,用于磨矿与分级过程的系统辨识,具有非线性能力强、算法成熟、简单、增减变量容易、自学习方便等优点。并且所得的寻优及预测模型令人满意。因此,可采用人工神经网络技术对磨矿与分级过程进行在线辨识,找出磨机功率的最优值,并对磨机的运行状态进行预测。用学习之后的人工神经网络预测磨机矿量,在磨机功率检测器检测出变化之前就能动作,同时又能保持磨机运行在极值点附近,能够适应矿石性质出现大的变化波动。针对磨矿与分级过程的特点,采用模糊逻辑与神经网络相结合的方法,一个基于Takagi - Sugeno模型的模糊神经网络智能控制系统,对磨矿与分级的数据进行仿真。仿真结果表明:系统搜索速度快,控制精度较高,不依赖被控对象模型,具有较强的抗干扰能力和自学习、自适应能力,能够使磨机稳定运行在最佳工作点附近,且能避免"胀肚"事故的发生。

3. 浮选过程自动检测与控制

浮选过程控制内容主要有：给矿量、浮选浓度、浮选矿浆的 pH 值、浮选药剂量、浮选槽液位、浮选槽的充气量、洗涤水量、泡沫刮出量等。

（1）浮选槽液位检测与控制：

在浮选过程中，对浮选槽液位和泡沫厚度检测与控制非常重要。近年来，浮选槽矿浆液位检测多采用浮子式液位变送器。采用超声波测量浮球位移的浮选槽液位计在南非、加拿大、美国等已被应用，国内在铜陵冬瓜山选厂也有应用。在金川有色金属公司新投入使用的 6000 t/d 磨浮控制系统中，对新型 BGRIMM 系列充气式自吸浆浮选机的液位控制系统进行建模，并用仿真方法对该型号浮选机的液位控制进行了多方案的研究，包括线性 PID 控制、模糊 PID 控制及其对不同特性阀门的适用性研究等。结果表明，由于系统存在非线性环节且控制受限，单纯采用线性 PID 控制不能同时将超调量和响应时间调节到理想状态，而应用模糊控制在线调整 PID 参数，实现非线性 PID 控制，使系统的动态性能得到了明显提高。而且模糊 PID 控制能使不同特性的阀门均获得良好的控制效果。

（2）浮选柱控制：

浮选柱中矿浆与气泡是逆向流动的。泡沫层的厚度以及浮选柱内矿浆液面的高低是影响浮选柱精矿品位和回收率的重要因素。从浮选柱浮选效果而言，浮选柱控制主要包括 3 个方面的内容：矿浆入料流量控制、浮选柱矿浆液位控制以及充气量控制，其中关键是控制浮选柱矿浆的液位。在稳定控制的基础上，根据各分选过程的不同，随时调控各可调变量，使浮选柱工作在最佳状态，尽可能减少能耗和药耗，使浮选柱达到最佳分选效果。浮选柱在运行过程中，需要加入捕收剂和起泡剂等药剂，可采用在线品位分析仪检测产品质量的变化来控制药剂的添加量。

4. 高效浓密机自动检测与控制

高效浓密机操作要求比较严格，溢流质量、沉积层厚度、底流浓度和药剂添加量的自动控制是实现设备高效化的重要措施。高效浓密机的主要检测参数有给矿量、给矿浓度、底流流量、底流浓度、药剂添加量、驱动扭矩等。在对溢流水浊度要求高的地方，还要检测溢流水的浊度，其主要控制参数有底流排放量和絮凝剂添加量等。

如某单位研制的高效深锥浓密机的自动控制系统，可检测给矿流量、沉积层厚度及底流排放流量，检测的信号送入调节器，根据输出的电流信号，调节给药电磁阀门（或药剂计量泵的转速）大小。通过调节底流排放电动阀门的大小，控制浓密机内沉积层的厚度，保证与矿浆特性相适应的沉积层厚度。底流浓度的控制是在测量底流浓度后，通过电动执行机构来调节底流电动胶管阀的开度或底流泵的转速。当给矿固体量变化时，变换底流阀门大小，可获得稳定的高底流浓度和澄清的溢流水。

1.2　矿物加工过程检测与控制的发展与现状

随着自动控制技术、计算机技术、自动检测技术、信息处理技术的发展，矿物加工工艺过程和设备的自动控制系统不断更新换代。纵观国内、外矿物加工过程自动控制技术的发展，都是从简单到复杂，从对破碎车间的控制到磨矿、浮选的控制乃至整个工艺流程的控制。从单一控制某个参数到多个参数协调控制，再到优化控制。从单参数单回路控制到多参数多回路控制，并发展到集中管理、分散控制。

1.2.1 国外发展与现状

由于矿石的性质千差万别，矿物加工过程的因素变化较多，工艺流程比较复杂，使得矿物加工自动化发展较慢。20 世纪 50 年代以前，矿物加工生产主要实现了机械化，其参数调节基本上是人工操作。到了 20 世纪 60 年代初，相继研制成功一批矿物加工过程工艺参数的自动检测仪表，例如：金属探测器、矿浆浓度计、矿浆 pH 计等。初步实现了破碎筛分的时序控制和连锁保护，以及磨矿与分级的给矿量、分级溢流浓度自动调节。从 60 年代初到 70 年代初的十年间，自动检测技术有了突破，研制出了在线 X 荧光分析仪、电子秤等，在线 X 荧光分析仪与电子计算机配套，实现了对浮选过程的实时控制。一些选厂还采用电子计算机对磨矿与分级和浮选过程进行直接数字控制。到 70 年代末，在线矿浆粒度计研制成功，可直接对磨矿与分级产品粒度进行分析和控制，提高了磨矿与分级的效率和产品质量。

由于电子计算机、微处理技术和电子器件的迅速发展，以及现代控制理论的应用，使计算机控制技术飞速发展。20 世纪 70 年代中期，产生了以微处理器为基础的集中分散型控制系统(简称集散控制系统或 DCS)，它的出现使工业过程控制产生了巨大的变化，并很快应用到工业控制领域。到 70 年代末，这种控制系统开始应用到矿物加工工厂中。美国、德国、前苏联、智利、加拿大等国采用 TDC – 3000 集散系统、两级集散控制系统、NETWORK – 9000 计算机集散控制系统等应用于选厂进行分散控制和集中管理。

至今，传统的矿业大国如美国、南非、澳大利亚、加拿大、芬兰、智利、俄罗斯等在一些大中型矿物加工工厂，普遍采用过程控制技术。其应用范围已覆盖从碎矿到脱水的各个矿物加工作业及环节，测控参数包括各段矿物的品位、粒度、浓度，以及从破碎到浓密池各类设备的状态参数。在控制方案上也从以往的单参数、单机、单作业段控制向全流程、全车间、全厂范围的多级控制和管控一体化方向发展。

特别是近年来计算机、网络及通讯技术的迅猛发展，为矿物加工过程控制的集成技术提供了良好的发展条件。一些基于专家系统、模糊控制和神经网络理论的智能控制技术也开始进入实用阶段。一些国外厂商先后推出相关产品及技术进入此领域，如芬兰奥托昆普、南非明太克、美国 Ksedscape、澳大利亚阿姆得尔以及瑞典的斯维达拉等公司特别推出适用于矿物加工过程控制的计算机软、硬件技术，如 PROSCON 系统、Ksedscape 系统、OCR 系统等。

1.2.2 国内发展和现状

我国的矿物加工自动化起步较晚，直到 20 世纪 50 年代末期才开始，也是一个由简单到复杂的过程。从 20 世纪 50 年代末到 70 年代中期，由于受当时在线检测仪表和控制技术的限制，主要采用模拟仪表对矿物加工过程实现单回路单参数控制或多回路控制。如 60 年代白银选厂的给矿控制、pH 值控制、溢流浓度控制就是单回路单参数控制。

从 20 世纪 70 年代后期到 80 年代中期，由于电子仪表和工业自动化技术的发展，以及计算机技术的进步，集散控制系统(DCS)得到了迅速发展和广泛使用，矿物加工过程控制也有了进展。国内的选厂开始采用单板机对矿物加工的某些参数进行控制，如大石河选厂的磨矿与分级机组采用 TP – 801 单板机进行直接数字控制，八家子铅锌矿用 TP – 801 单板机控制磨矿和浮选过程，易门铜矿木奔选厂采用 TP – 801 单板机控制，铜陵凤凰山选厂用紫金 – II 微型机进行磨矿与分级机组的自动控制,安徽铜陵有色金属公司凤凰山选厂从芬兰引进Pmscon20/200计算机控制系统,江西永平铜矿从美国引进计算机控制系统。这些对矿物加工自动化的发展起到了促进作用。

到了20世纪80年代末至90年代中后期,开始将计算机与各种控制设备和检测设备相结合,形成集散控制系统,实现对矿物加工生产过程的某个环节或车间整体进行分散控制和集中管理。如浙江东风萤石公司采用自动控制系统;金川公司、昆钢罗茨铁矿、大姚铜矿采用两级 DCS 控制系统来控制磨矿与分级;山东焦家金矿采用美国 Honeywell 公司的 S9000 系统对磨矿与分级作业进行控制;德兴铜矿的泗洲选厂采用了由上位机和下位机两部分组成的计算机集散控制系统,对磨矿与分级系统进行监控;安庆铜矿采用集散控制系统来控制磨矿与分级参数;安徽凤凰山铜矿采用集散控制系统对矿物加工过程进行监测和控制;梅山铁矿对脱水过程建立了微机监控系统,现场过程控制站采用美国 FOXBORO 公司的 761 增强型智能调节器进行控制;德兴铜矿的大山选厂对全厂生产过程及相关参数进行监控,实现生产过程的全面监控和管理。

矿物加工过程自动控制经过几十年的发展,特别是最近20多年,由于计算机集散控制系统的发展、矿物加工检测技术的进步,加速了矿物加工过程控制的发展,使得矿物加工过程控制取得了巨大的成就。

然而,目前国内选矿厂的过程控制基本处于自动监测和局部作业环节的自动控制阶段,大部分都集中在如下几个部分:对碎矿车间的集中监控,减少空转,节能降耗;对磨矿与分级系统的分布式控制。由于受基础条件、生产规模等客观条件的限制,矿物加工的自动化技术应用水平相对落后。虽然有关科研单位在此领域开展了长期而有效的工作,但其推广应用大都集中在一些新建的大型选厂,在中小选厂仅为个别作业环节采用。目前我国矿物加工自动化应用程度较高的厂矿有凤凰山铜矿、德兴铜矿大山选厂等。但迄今尚无实现全厂综合自动控制的实例。总体来说,国内矿物加工过程控制技术的应用虽有一定进展,但与国外先进厂矿,以及国内相关的行业相比,发展速度较慢。

1.2.3　今后发展的趋势

由于矿物加工学科打破了传统矿物加工工艺的界限,正向深度和广度方面发展。这就需要与之匹配和相适应的矿物加工过程检测与控制技术也不断发展,要求我们加强对矿物加工工程的模拟、矿物加工数学模型,特别是新型、先进控制系统的研究,使矿物加工工厂的参数自动检测与控制水平的提高,得到进一步增加认识,推进其发展。

习　题

1-1　矿物加工过程自动检测与自动控制是通过什么来实现的?

1-2　为什么说新工艺、新设备和大型设备的采用要与自动检测和自动控制相结合才能发挥最大的效益。

1-3　举例说明,矿物加工过程自动检测与控制对工艺参数、设备效率、节能减排等指标的提高有哪些效果。

1-4　你所熟悉的选矿厂或者选煤厂的自动检测以及自动控制的内容有哪些?

第2章　矿物加工过程参数检测原理及仪表

2.1　概述

检测技术是生产过程自动化的一个必不可少的重要组成部分。检测是指利用各种物理和化学效应，将物质世界的有关信息通过测量的方法赋予定性或定量结果的过程。

利用各种检测仪表对生产过程中的各种工艺参数自动、连续地进行测量、显示或记录，以供人们观察或直接自动监督生产情况的系统，称为自动检测系统。它代替了操作人员对工艺参数的不断观察与记录，起到对过程信息的获取与记录作用，这在生产过程自动化中，是最基本的也是十分重要的内容。

在自动化系统中，所用的检测仪表是自动控制系统的"感觉器官"。只有感知生产过程的状态和工艺参数，才能由控制仪表对其进行自动控制。

2.1.1　自动检测系统的构成

自动检测系统中主要的装置为传感器和显示仪表，如图2-1所示。

图2-1　自动检测系统的构成

传感器是用来感受被测量并按照一定规律将其转换成可用输出信号的器件或装置，它可以将被测参数转换成一定的便于传送的信号(如电信号或气压信号)。当传感器的输出信号为单元组合仪表中规定的标准信号时，通常称为变送器。

显示仪表又称二次仪表，是自动检测系统显示或输出被测量数值的装置。它的显示方式可以是指针式(模拟式)、数字式、图形显示等几种。

2.1.2　检测环节常见信号类型

检测技术涉及的内容很广，常见的被测量类型有热工量(温度、压力、料位、流量等)、机械量(位移、转速、振动等)、物质的性质和成分(浓度、品位、酸碱度等)、电工量(电压、电流、功率、电阻等)等。

为了便于传输、处理和显示，非电量的被测参数通常转换成电气、压力、光等信号类型。

①常用的电气信号有电压信号、电流信号、阻抗信号和频率信号等。电气信号传送快、滞后小，可以远距离传送，便于和计算机连接，其应用越来越广。

②压力信号包括气压信号和液压信号，液压信号多用于控制环节。在气动检测系统中，以净化的恒压空气为能源，气动传感器或气动变送器将被测参数转换为与之相适应的气压信号，经气动功率放大器放大，可以进行显示、记录、计算、报警或自动控制。

③光信号包括光通量信号、干涉条纹信号、衍射条纹信号等。随着激光、光导纤维和计算光栅等新兴技术的发展，光学检测技术得到了很大的发展。特别是在高精度、非接触测量方面，光学检测技术正发挥着越来越重要的作用。

2.1.3　检测环节中的信号形式

检测环节中，信号的形式可分为以下几种。

①模拟信号　在时间上是连续变化的，幅值也是连续的信号，称为模拟信号。

②数字信号　数字信号是一种以离散形式出现的不连续信号，通常以二进制的 0 和 1 组合的代码序列来表示。

③开关信号　用两种状态或两个数值范围表示的不连续信号叫开关信号。

2.2　检测环节的质量指标

2.2.1　测量

测量就是用专门的技术工具靠实验和计算找到被测量的值（大小和正负）。测量的目的是为了在限定时间内尽可能正确地收集被测对象的未知信息，以便掌握被测对象的参数及控制生产过程。例如在矿物加工生产过程中对矿仓料位的检测，在连续生产的条件下对矿浆流量的检测，在干燥车间对干燥机温度的检测等。

各种检测仪表的测量过程，其实质就是被测变量信号能量的不断变换和传递、并与相应的标准量进行比较的过程，而检测仪表就是实现这种比较的工具。因此，测量的关键在于被测量与标准量的比较，但是被测量能直接与标准量比较的场合不多。大多数的被测量和标准量都要变换到双方便于比较的某一个中间量。例如用水银温度计测量室温时，室温被变换成玻璃管内水银柱的热膨胀位移，而温度的标准量为玻璃管上的刻度，这时被测量和标准量都变换成线位移这样的中间量，以便直接进行比较。

可见，变换是测量的核心，通过变换可以实现测量，或者使测量更为方便。变换就是把被测量按一定的规律变换成便于传输或处理的另一种物理量的过程。最简单也是最理想的变换规律是变换前与变换后的参数成比例关系。变换元件的这种特性叫线性特性。

检测方法对检测工作是十分重要的，它关系到检测任务是否能完成。因此，要针对不同检测任务的具体情况，进行认真的分析，找出切实可行的检测方法，然后，根据检测方法，选择合适的检测工具，组成检测系统，进行实际检测。反之，如果检测方法不正确，即使选择的技术工具（有关仪器、仪表、设备等）再高级，也不会有好的检测结果。

对于检测方法，从不同的角度出发，有不同的分类方法。按检测手段可分为直接检测、间接检测和组合检测；按检测方式可分为偏差式检测、零位式检测和微差式检测。除此之外，还有许多其他分类方法。例如，按检测敏感元件是否与被测介质接触，可分为接触式检测和非接触式检测；按检测系统是否向被测对象施加能量，可分为主动式检测与被动式检测等。

1. 直接测量、间接测量与组合测量

在使用仪表或传感器进行测量时，对仪表读数不需要经过任何运算就能直接表示测量所需要的结果的测量方法称为直接测量。例如，用磁电式电流表测量电路的某一支路电流，用弹簧管压力表测量压力等，都属于直接测量。直接测量的优点是测量过程简单而又迅速，缺点是测量精度不高。

在使用仪表或传感器进行测量时，首先对与测量有确定函数关系的几个量进行测量，将被测量代入函数关系式，经过计算得到所需要的结果，这种测量称为间接测量。间接测量测量步骤较多，花费时间较长，一般用于直接测量不方便或者缺乏直接测量手段的场合。

若被测量必须经过求解联立方程组，才能得到最后结果，则称这样的测量为组合测量。组合测量是一种特殊的精密测量方法，操作手续复杂，花费时间长，多用于科学实验或特殊场合。

2. 等精度测量与不等精度测量

用相同仪表与测量方法对同一被测量进行多次重复测量，称为等精度测量。

用不同精度的仪表或不同的测量方法，或在环境条件相差很大时对同一被测量进行多次重复测量称为非等精度测量。

3. 偏差式测量、零位式测量与微差式测量

用仪表指针的位移（即偏差）决定被测量的量值，这种测量方法称为偏差式测量。应用这种方法测量时，仪表刻度事先用标准器具标定。在测量时，输入被测量，按照仪表指针在标尺上的示值，决定被测量的数值。这种方法测量过程比较简单、迅速，但测量结果精度较低。

用指零仪表的零位指示检测测量系统的平衡状态，在测量系统平衡时，用已知的标准量决定被测量的量值，这种测量方法称为零位式测量。在测量时，已知标准量直接与被测量相比较，已知量应连续可调，指零仪表指零时，被测量与已知标准量相等，例如天平、电位差计等。零位式测量的优点是可以获得比较高的测量精度，但测量过程比较复杂，费时较长，不适用于测量迅速变化的信号。

微差式测量是综合了偏差式测量与零位式测量的优点而提出的一种测量方法。它将被测量与已知的标准量相比较，取得差值后，再用偏差法测得此差值。应用这种方法测量时，不需要调整标准量，而只需测量两者的差值。设 N 为标准量，x 为被测量，Δ 为二者之差，则 $x = N + \Delta$。由于 N 是标准量，其误差很小，且 $\Delta \ll N$，因此可选用高灵敏度的偏差式仪表测量 Δ，即使测量 Δ 的精度较低，但因 $\Delta \ll N$，故总的测量精度仍很高。

微差式测量的优点是反应快，而且测量精度高，特别适用于在线控制参数的测量。

2.2.2　测量误差

测量的目的是希望通过测量获取被测量的真实值。但由于种种原因，例如，传感器本身性能不十分优良，测量方法不十分完善，外界干扰的影响等，都会造成被测参数的测量值与真实值不一致，两者不一致程度用测量误差表示。测量误差就是测量值与真实值之间的差值。它反映了测量质量的好坏。

测量的可靠性至关重要，不同场合对测量结果可靠性的要求也不同。例如，在量值传递、经济核算、产品检验等场合应保证测量结果有足够的准确度。当测量值用作控制信号时,则要注意测量的稳定性和可靠性。因此,测量结果的准确程度应与测量的目的与要求相联系、相适应,一味追求越准越好的做法是不可取的,要有技术与经济兼顾的意识。

1. 测量误差的表示方法

测量误差的表示方法有多种,含义各异。

(1)绝对误差

绝对误差可用下式定义:

$$\Delta = x - L \tag{2-1}$$

式中:Δ 为绝对误差;x 为测量值;L 为真实值。

对测量值进行修正时,要用到绝对误差。修正值是与绝对误差大小相等、符号相反的值,实际值等于测量值加上修正值。采用绝对误差表示测量误差,不能很好说明测量质量的好坏。例如,在温度测量时,绝对误差 $\Delta = 1℃$,对体温测量来说是不允许的,而对测量钢水温度来说却是一个极好的测量结果。

(2)相对误差

相对误差的定义由下式给出:

$$\delta = \frac{\Delta}{L} \times 100\% \tag{2-2}$$

(3)引用误差

引用误差是仪表中通用的一种误差表示方法。它是相对仪表满量程的一种误差,一般也用百分数表示,即

$$\gamma = \frac{\Delta}{测量范围上限 - 测量范围下限} \times 100\% \tag{2-3}$$

式中:γ 为引用误差。

仪表精度等级是根据引用误差来确定的。按仪表工业标准规定,去掉最大引用误差的"±"号和"%"号,称为仪表的精度等级,目前已系列化。只能从下列系数中选取最接近的合适数值作为精度等级,即 0.005,0.02,0.05,0.1,0.2,0.4,0.5,1.0,1.5,2.5,4.0 等。例如,0.5 级表示引用误差的最大值不超过 ±0.5%,1.0 级表示引用误差的最大值不超过±1%。

例如:有两台测温仪表,它们的测温范围分别为 0~100℃ 和 100~300℃,校验表时得到它们的最大绝对误差均为 2℃,则这两台仪表的最大引用误差分别为:

$$\gamma_1 = \frac{2}{100 - 0} \times 100\% = 2\%$$

$$\gamma_2 = \frac{2}{300 - 100} \times 100\% = 1\%$$

去掉最大引用误差的"%"号,其数值分别为 2 和 1,由于国家规定的精度等级中没有 2 级仪表,同时该仪表的误差超过了 1 级仪表所允许的最大误差,所以这台仪表的精度等级为 2.5 级,而另一台仪表的精度等级正好为 1 级。由此可见,两台测量范围不同的仪表,即使它们的绝对误差相等,它们的精度等级也不相同,测量范围大的仪表精度等级比测量范围小的高。

(4)基本误差

基本误差是指仪表在规定的标准条件下所具有的误差。例如,仪表是在电源电压(220 ±

5)V、电网频率(50±2)Hz、环境温度(20±5)℃、湿度65%±5%的条件下标定的。如果这台仪表在这个条件下工作,则仪表所具有的误差为基本误差。测量仪表的精度等级就是由基本误差决定的。

（5）附加误差

附加误差是指当仪表的使用条件偏离额定条件下出现的误差。有温度附加误差、频率附加误差、电源电压波动附加误差等。

2. 误差的分类

根据测量数据中的误差所呈现的规律,将误差分为三种,即系统误差、随机误差和粗大误差。这种分类方法便于测量数据处理。

（1）系统误差　对同一被测量进行多次重复测量时,如果误差按照一定的规律出现,则把这种误差称为系统误差。例如,标准量值的不准确及仪表刻度的不准确而引起的误差。

（2）随机误差　对同一被测量进行多次重复测量时,绝对值和符号不可预知地随机变化,但就误差的总体而言,具有一定的统计规律性的误差称为随机误差。引起随机误差的原因是很多难以掌握或暂时未能掌握的微小因素,一般无法控制。对于随机误差不能用简单的修正值来修正,只能用概率和数理统计的方法去计算它出现的可能性的大小。

（3）粗大误差　明显偏离测量结果的误差称为粗大误差,又称疏忽误差。这类误差是由于测量者疏忽大意或环境条件的突然变化而引起的。对于粗大误差,首先应设法判断是否存在,然后将其剔除。

2.3　矿物加工参数检测常用传感器原理

2.3.1　电阻应变式传感器原理

电阻应变式传感器是利用电阻应变片将应变转换为电阻变化的传感器,由在弹性元件上粘贴电阻应变敏感元件构成。当被测物理量作用在弹性元件上,弹性元件的变形引起应变敏感元件的阻值变化,通过转换电路转变成电量输出,电量变化的大小反映了被测物理量的大小。应变式电阻传感器是目前测量力、力矩、压力、加速度、重量等参数应用广泛的传感器。

1. 工作原理

电阻应变片的工作原理是基于应变效应,即在导体产生机械变形时,它的电阻值相应发生变化。

如图2-2所示,一根金属电阻丝,在其未受力时,原始电阻值 R 为

$$R = \frac{\rho \cdot L}{S} \tag{2-4}$$

式中：ρ 为电阻丝的电阻率；L 为电阻丝的长度；S 为电阻丝的截面积。

电阻丝受到拉力作用时,将伸长 ΔL,横截面积相应减小 ΔS,电阻率将因晶格发生变形等因素而改变 $\Delta\rho$,故引起电阻值相对变化量 ΔR 为

$$\frac{\Delta R}{R} = \frac{\Delta L}{L} - \frac{\Delta S}{S} + \frac{\Delta\rho}{\rho} \tag{2-5}$$

式中：$\Delta L/L$ 为长度相对变化量,用应变 ε 表示。

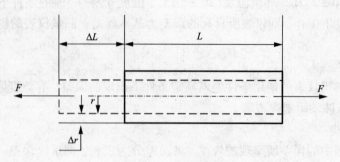

图 2-2 金属电阻

$$\varepsilon = \frac{\Delta L}{L} \qquad (2-6)$$

$\Delta S/S$ 为圆形电阻丝的截面积的相对变化量，即

$$\frac{\Delta S}{S} = \frac{2\Delta r}{r} \qquad (2-7)$$

在弹性范围内，金属丝受拉力时，沿轴向伸长，沿径向缩短，轴向应力和径向应变的关系可表示为

$$\frac{\Delta r}{r} = -\mu \frac{\Delta L}{L} = -\mu\varepsilon \qquad (2-8)$$

式中：μ 为电阻丝材料的泊松比，负号表示应变方向相反。

将式(2-6)、式(2-8)代入式(2-5)，可得

$$\frac{\Delta R}{R} = (1+2\mu)\varepsilon + \frac{\Delta\rho}{\rho} \qquad (2-9)$$

或

$$\frac{\frac{\Delta R}{R}}{\varepsilon} = (1+2\mu) + \frac{\frac{\Delta\rho}{\rho}}{\varepsilon} \qquad (2-10)$$

通常把单位应变所引起的电阻值变化称为电阻丝的灵敏度系数。其物理意义是单位应变所引起的电阻相对变化量，其表达式为

$$K = 1 + 2\mu + \frac{\frac{\Delta\rho}{\rho}}{\varepsilon} \qquad (2-11)$$

灵敏度系数受两个因素影响，一个是受力后材料几何尺寸的变化，即$(1+2\mu)$；另一个是受力后材料的电阻率发生的变化，即$(\Delta\rho/\rho)/\varepsilon$。对金属材料电阻丝来说，灵敏度系数表达式中的$(1+2\mu)$要比$(\Delta\rho/\rho)/\varepsilon$大得多，而半导体材料的$(\Delta\rho/\rho)/\varepsilon$项的值比$(1+2\mu)$大得多。大量实验证明，在电阻丝拉伸极限内，电阻的相对变化与应变成正比，即K为常数。

用应变片测量应变或应力时，被测对象在外力作用下产生微小机械变形，应变片跟着发生相同的变化，同时应变片电阻值也发生相应变化。当测得应变片电阻值变化量ΔR时，便可得到被测对象的应变值。根据应力与应变的关系，应力值σ为

$$\sigma = E \cdot \varepsilon \qquad (2-12)$$

式中：σ 为试件的应力；ε 为试件的应变；E 为试件材料的弹性模量。

由此可知，应力值 σ 正比于应变 ε，而试件应变 ε 正比于电阻值的变化，所以应力 σ 正比于电阻值的变化，这就是利用应变片测量应变的基本原理。

2. 电阻应变片特性

电阻应变片品种繁多，形式多样。但常用的应变片可分为两类：金属电阻应变片和半导体电阻应变片。金属应变片由敏感栅、基片、覆盖层和引线等部分组成，如图 2 – 3 所示。

敏感栅是应变片的核心部分，它粘贴在绝缘的基片上，其上再粘贴起保护作用的覆盖层，两端焊接引出导线。金属电阻应变片的敏感栅有丝式、箔式和薄膜式三种。箔式敏感栅利用光刻、腐蚀等工艺制成，其厚度一般在 0.003 ~ 0.01 mm。其优点是散热条件好，允许通过的电流较

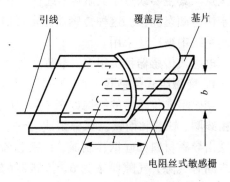

图 2 – 3 金属电阻应变片的结构

大，可制成各种所需的形状，便于批量生产。薄膜式敏感栅采用真空蒸发或真空沉淀等方法在薄的绝缘基片上形成 0.1 μm 以下的金属电阻薄膜，最后再加上保护层。它的优点是应变灵敏度系数大，允许电流密度大，工作范围广。

半导体应变片是用半导体材料制成的，其工作原理是基于半导体材料的压阻效应。所谓压阻效应是指半导体材料在某一轴向受外力作用时其电阻率 ρ 发生变化的现象。

半导体应变片受轴向力作用时，其电阻相对变化为

$$\frac{\Delta R}{R} = (1 + 2\mu)\varepsilon + \frac{\Delta \rho}{\rho} \qquad (2 – 13)$$

式中：$\Delta \rho / \rho$ 为半导体应变片的电阻率相对变化量，其值与半导体敏感元件在轴向所受的应变力关系为

$$\frac{\Delta \rho}{\rho} = \pi \sigma = \pi \cdot E \cdot \varepsilon \qquad (2 – 14)$$

式中：π 为半导体材料的压阻系数。

将式(2 – 14)代入式(2 – 13)中得

$$\frac{\Delta R}{R} = (1 + 2\mu + \pi E)\varepsilon \qquad (2 – 15)$$

实验证明 πE 比 $(1 + 2\mu)$ 大上百倍，所以 $(1 + 2\mu)$ 可以忽略，因而半导体的灵敏系数 K_s 为

$$K_s = \frac{\frac{\Delta R}{R}}{\varepsilon} = \pi E \qquad (2 – 16)$$

半导体应变片的突出优点是灵敏度高(比金属丝式高 50 ~ 80 倍)，尺寸小，横向效应小，动态响应好。但它有温度系数大、应变时非线性比较严重等缺点。

2.3.2 电感式传感器原理

利用电磁感应原理将被测非电量如位移、压力、流量、振动等转换成线圈自感系数 L 或

互感系数 M 的变化，再由测量电路转换为电压或电流的变化量输出，这种装置称为电感式传感器。

电感式传感器具有结构简单，工作可靠，测量精度高，零点稳定，输出功率较大等一系列优点。其主要缺点是灵敏度、线性度和测量范围相互制约，传感器自身频率响应低，不适用于快速动态测量。这种传感器能实现信息的远距离传输、记录、显示和控制，在工业自动控制系统中被广泛采用。

电感式传感器种类很多，本节主要介绍变磁阻式和差动变压器式两种。

1. 变磁阻式传感器

变磁阻式传感器的结构如图2-4所示。它由线圈、铁芯和衔铁三部分组成。铁芯和衔铁由导磁材料如硅钢片制成，在铁芯和衔铁之间有气隙，气隙厚度为 δ，传感器的运动部分与衔铁相连。当衔铁移动时，气隙厚度 δ 发生改变，引起磁路中磁阻变化，从而导致电感线圈的电感值变化，因此只要能测出这种电感量的变化，就能确定衔铁位移量的大小和方向。

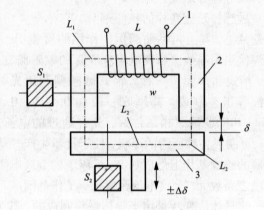

图2-4 变磁阻式传感器结构
1—线圈；2—铁芯；3—衔铁

根据电感定义，线圈中电感量可由下式确定

$$L = \frac{\Psi}{I} = \frac{w\Phi}{I} \qquad (2-17)$$

式中：Ψ 为线圈总磁链；I 为通过线圈的电流；w 为线圈的匝数；Φ 为穿过线圈的磁通，由磁路欧姆定律得

$$\Phi = \frac{Iw}{R_m} \qquad (2-18)$$

式中：R_m 为磁路总磁阻。

对于变隙式传感器，因为气隙很小，所以可以认为气隙中的磁场是均匀的。若忽略磁路磁损，则磁路总磁阻为

$$R_m = \frac{L_1}{\mu_1 S_1} + \frac{L_2}{\mu_2 S_2} + \frac{2\delta}{\mu_0 S_0} \qquad (2-19)$$

式中：μ_1 为铁芯材料的导磁率；μ_2 为衔铁材料的导磁率；L_1 为磁通通过铁芯的长度；L_2 为磁通通过衔铁的长度；S_1 为铁芯的截面积；S_2 为衔铁的截面积；μ_0 为空气的导磁率；S_0 为气隙的截面积；δ 为气隙的厚度。

通常气隙磁阻远大于铁芯和衔铁的磁阻

$$\frac{2\delta}{\mu_0 S_0} \gg \frac{L_1}{\mu_1 S_1}$$

$$\frac{2\delta}{\mu_0 S_0} \gg \frac{L_2}{\mu_2 S_2}$$

则式(2-19)可近似为

$$R_m = \frac{2\delta}{\mu_0 S_0}$$

将上式和式(2-18)代入式(2-19)可得

$$L = \frac{w^2}{R_m} = \frac{w^2 \mu_0 S_0}{2\delta} \tag{2-21}$$

上式表明，当线圈匝数为常数时，电感 L 仅仅是磁路中磁阻 R_m 的函数，只要改变 δ 或 S_0 均可导致电感变化，因此变磁阻式传感器又可分为变气隙厚度 δ 的传感器和变气隙面积 S_0 的传感器。使用最广泛的是变气隙厚度 δ 式电感传感器。

2. 差动变压器式传感器

差动变压器结构形式较多，有变隙式、变面积式和螺线管式等，但其工作原理基本一样。非电量测量中，应用最多的是螺线管式差动变压器，它可以测量 1～100 mm 范围内的机械位移，并具有测量精度高，灵敏度高，结构简单，性能可靠等优点。

螺线管式差动变压器结构如图2-5所示，它由初级线圈、两个次级线圈和插入线圈中央的圆柱形铁芯等组成。

差动变压器式传感器中两个次级线圈反向串联，并且在忽略铁损、导磁体磁阻和线圈分布电容的理想条件下，其等效电路如图2-6所示。当初级绕组 w_1 加以激励电压 $\dot{U}_1$ 时，根据变压器的工作原理，在两个次级绕组 w_{2a} 和 w_{2b} 中会产生感应电势 $\dot{E}_{2a}$ 和 $\dot{E}_{2b}$。如果工艺上保证变压器结构完全对称，则当活动衔铁处于初始平衡位置时，必然会使两互感系数 $M_1 = M_2$。根据电磁感应原理，将有 $\dot{E}_{2a} = \dot{E}_{2b}$。由于变压器两次级绕组反向串联，因而 $\dot{U}_2 = \dot{E}_{2a} - \dot{E}_{2b} = 0$，即差动变压器输出电压为零。

当活动衔铁向上移动时，由于磁阻的影响，w_{2a} 中磁通大于 w_{2b}，使 $M_1 > M_2$，因而 $\dot{E}_{2a}$ 增加，而 $\dot{E}_{2b}$ 减小。反之，$\dot{E}_{2a}$ 增加，$\dot{E}_{2b}$ 减小。因为 $\dot{U}_2 = \dot{E}_{2a} - \dot{E}_{2b}$，所以当 $\dot{E}_{2a}$ 和 $\dot{E}_{2b}$ 随着衔铁位移 x 变化时，$\dot{U}_2$ 也必将随之变化。

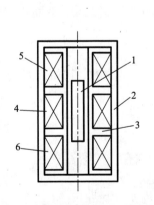

图2-5 螺旋管式差动变压器结构
1—活动衔铁；2—导磁外壳；3—骨架；
4—匝数为 w_1 的初级绕组；
5—匝数为 w_{2a} 的次级绕组；
6—匝数为 w_{2b} 的次级绕组

图2-6 差动变压器等效电路

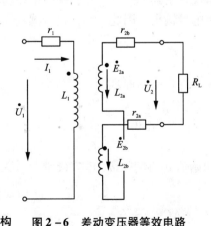

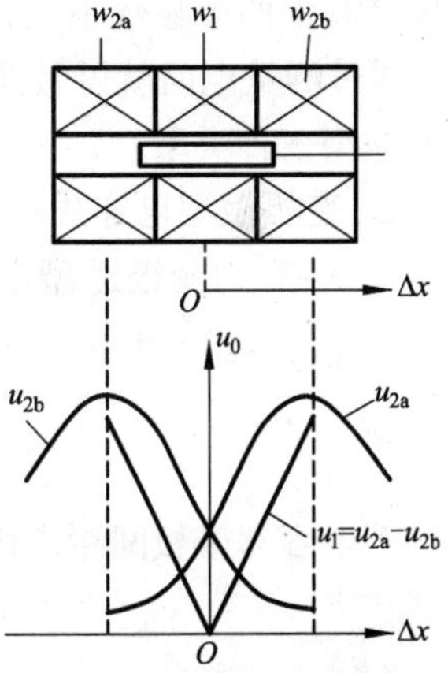

图2-7 差动变压器的
输出电压特性曲线

图 2－7 给出了变压器输出电压 $\dot{U}_2$ 与活动衔铁位移 x 的关系曲线。实际上，当衔铁位于中心位置时，差动变压器输出电压并不等于零，我们把差动变压器在零位移时的输出电压称为零点残余电压，记作 $\dot{U}_0$，它的存在使传感器的输出特性不过零点，造成实际特性与理论特性不完全一致。零点残余电压产生的原因主要是传感器的两次级绕组的电气参数与几何尺寸不对称，以及磁性材料的非线性等问题引起的。

零点残余电压的波形十分复杂，主要由基波和高次谐波组成。基波的产生主要是传感器的两次级绕组的电气参数、几何尺寸不对称，导致它们产生的感应电势幅值不等、相位不同。因此，不论怎样调整衔铁位置，两线圈中感应电势都不能完全抵消。高次谐波中起主要作用的是三次谐波，产生的原因是由于磁性材料磁化曲线的非线性（磁饱和、磁滞）。零点残余电压一般在几十毫伏以下，在实际使用时，应设法减小 $\dot{U}_0$，否则将会影响传感器的测量结果。

2.3.3　电容式传感器

电容式传感器是将被测非电量的变化转换为电容量变化的一种传感器。它结构简单，体积小，分辨率高，可实现非接触式测量，并能在高温、辐射和强烈振动等恶劣条件下工作，广泛应用于压力、差压、液位、振动、位移、加速度、成分含量等多种参数测量。随着电容测量技术的迅速发展，电容式传感器在非电量测量和自动检测中得到了广泛的应用。

电容式传感器，是由绝缘介质分开的两个平行金属板组成的平板电容器，如果不考虑边缘效应，其电容量为

$$C = \frac{\varepsilon A}{d} \qquad\qquad (2-21)$$

式中：C 为电容极板间介质的介电常数；ε 为介质相对介电常数；A 为两平行板所覆盖的面积；d 为两平行板之间的距离。

当被测参数变化使得式（2－21）中的 A、d 或 ε 发生变化时，电容量 C 也随之变化。如果保持其中两个参数不变，而仅改变其中一个参数，就可把该参数的变化转换为电容量的变化，通过测量电路就可转换为电量输出。因此，电容式传感器可分为变极距型、变面积型和变介质型三种类型。

1. 变极距型电容式传感器

图 2－8 为变极距型电容式传感器的原理图。当传感器 ε_r 和 A 为常数，初始极距为 d_0 时，由式（2－21）可知其初始电容量为 C_0 为

$$C_0 = \frac{\varepsilon_0 \varepsilon_r A}{d_0} \qquad\qquad (2-22)$$

若电容器极板间距离由初始值 d_0 缩小 Δd、电容量增大 ΔC，则有

$$C_1 = C_0 + \Delta C = \frac{\varepsilon_0 \varepsilon_r A}{d_0 - \Delta d} = \frac{C_0}{1 - \dfrac{\Delta d}{d_0}} = \frac{C_0\left(1 + \dfrac{\Delta d}{d_0}\right)}{1 - \dfrac{\Delta d^2}{d_0^2}} \qquad\qquad (2-23)$$

由式（2－23）可知，传感器的输出特性 $C = f(d)$ 不是线性关系，而是如图 2－9 所示双曲线关系。

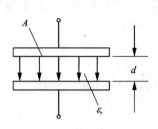

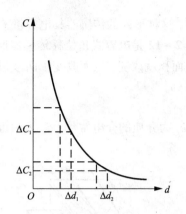

图 2-8 变极距型电容式传感器

图 2-9 电容量与极板间距离的关系

在式(2-23)中，若 $\Delta d/d_0 \ll 1$，则式(2-23)可以简化为

$$C_1 = C_0 + \frac{C_0 \Delta d}{d_0} \qquad (2-24)$$

此时，C_1 与 Δd 呈近似线性关系，所以变极距型电容式传感器在 $\Delta d/d_0$ 很小时，才有近似的线性输出。

另外，由式(2-24)可以看出，在 d_0 较小时，对于同样的变化 Δd 所引起的 ΔC 将会增大，从而使传感器灵敏度提高。但 d_0 过小，容易引起电容器击穿或短路。为此，极板间可采用高介电常数的材料(云母、塑料膜等)作介质(如图2-10所示)，此时电容 C 变为

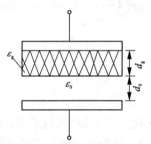

图 2-10 放置云母片的电容器

$$C = \frac{A}{\dfrac{d_g}{\varepsilon_0 \varepsilon_g} + \dfrac{d_0}{\varepsilon_0}} \qquad (2-25)$$

式中：ε_g 为云母的相对介电常数，$\varepsilon_g = 7$；ε_0 为空气的介电常数，$\varepsilon_0 = 1$；d_0 为空气隙厚度；d_g 为云母片的厚度。

同时，式(2-25)中的 $d_g/\varepsilon_0 \varepsilon_g$ 项是恒定值，它能使传感器的输出特性的线性度得到改善。

一般变极板间距离电容式传感器的起始电容在 $20 \sim 100 \text{pF}$ 之间，极板间距离在 $25 \sim 200$ μm 的范围内，最大位移应小于间距的 10%，故在微位移测量中应用最广。

2. 变面积型电容式传感器

图2-11是变面积型电容传感器原理结构示意图。被测量通过移动动极板引起两极板有效覆盖面积 A 改变，从而得到电容的变化量。设动极板相对定极板沿长度方向的平移为 Δx。则电容为

$$C = C_0 - \Delta C = \varepsilon_r (a - \Delta x) \frac{b}{d} \qquad (2-26)$$

式中：$C_0 = \varepsilon_r ba/d$ 为初始电容。电容相对变化量为

$$\frac{\Delta C}{C_0} = \frac{\Delta x}{a} \qquad (2-27)$$

很明显，这种形式的传感器其电容量 C 与水平位移 Δx 是线性关系。

图 2-12 是电容式角位移传感器原理图。当动极板有一个角位移 θ 时，与定极板间的有效覆盖面积就改变，从而改变了两极板间的电容量。当 $\theta = 0$ 时，则

$$C_0 = \varepsilon_r \frac{A_0}{d_0} \tag{2-28}$$

式中：ε_r 为介质的介电常数；d_0 为两极板间距离；A 为两极板间初始覆盖面移。

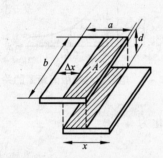

图 2-11 变面积型电容传感器原理图

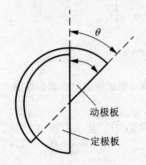

动极板
定极板

图 2-12 电容式角位移传感器原理图

当 $\theta \neq 0$ 时，则

$$C_1 = \varepsilon_r A_0 \frac{1 - \dfrac{\theta}{\pi}}{d_0} = C_0 - \frac{C_0 \theta}{\pi} \tag{2-29}$$

从式 (2-29) 可以看出，传感器的电容量 C 与角位移 θ 呈线性关系。

3. 变介质型电容式传感器

图 2-13 是一种变极板间介质的电容式传感器，用于测量液位高低的结构原理图。设被测介质的介电常数为 ε_1，液面高度为 h，变换器总高度为 H，内筒外径为 d，外筒内径为 D，则此时变换器电容值为

$$
\begin{aligned}
C &= \frac{0.55 \varepsilon_1 h}{\ln \dfrac{D}{d}} + \frac{0.55 \varepsilon (H - h)}{\ln \dfrac{D}{d}} \\
&= \frac{0.55 \varepsilon H}{\ln \dfrac{D}{d}} + \frac{0.55 h (\varepsilon_1 - \varepsilon)}{\ln \dfrac{D}{d}} = C_0 + \frac{0.55 (\varepsilon_1 - 1) h}{\ln \dfrac{D}{d}}
\end{aligned}
\tag{2-30}
$$

式中：ε 为空气的介电常数；C_0 为由变换器的基本尺寸决定的初始电容值 $C_0 = 0.55 \varepsilon [H / \ln (D/d)]$。

由式 (2-30) 可见，此变换器的电容增量正比于被测液位的高度 h。

变介质型电容传感器有较多的结构型式，可以用来测量纸张、绝缘薄膜等的厚度，也可用来测量粮食、纺织品、木材或煤等非导电固体介质的湿度。图 2-14 是一种常用的结构型式，图中两平行电极固定不动，极距为 d_0，相对介电常数为 ε_{r2} 的电介质以不同深度插入电容器中，从而改变两种介质的极板覆盖面积。传感器总电容量 C 为

$$C = C_1 + C_2 = \varepsilon_0 b_0 \frac{\varepsilon_{r1} (L_0 - L) + \varepsilon_{r2} L}{d_0} \tag{2-31}$$

式中：L_0，b_0 为极板长度和宽度；L 为第二种介质进入极板间的长度。

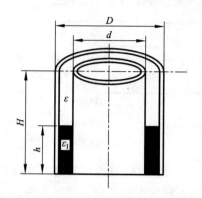

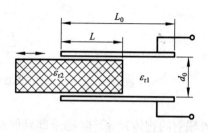

图 2 – 13　变介质型电容式传感器　　　图 2 – 14　变介质型电容式传感器常用结构

若电介质 $\varepsilon_{r1} = 1$，当 $L =$ 时，传感器初始电容 $C_0 = \varepsilon_0 \varepsilon_{r1} L_0 b_0 / d_0$。当介质 ε_{r2} 进入极间 L 后，引起电容的相对变化为

$$\frac{\Delta C}{C_0} = \frac{C - C_0}{C_0} = \frac{(\varepsilon_{r2} - 1) L}{L_0} \tag{2-32}$$

可见，电容的变化与电介质 ε_{r2} 的移动量 L 呈线性关系。

2.3.4　辐射式传感器

1. 红外辐射传感器

红外技术是在最近几十年发展起来的一门新兴技术。它已在科技、国防和工农业生产等领域获得了广泛的应用。红外传感器按其应用可分为以下几个方面。

①红外辐射计，用于辐射和光谱辐射测量。

②搜索和跟踪系统，用于搜索和确定红外目标的空间位置并对它的运动进行跟踪。

③热成像系统，可产生整个目标红外辐射的分布图像，如红外图像仪、多光谱扫描仪等。

④红外测距和通信系统。

⑤混合系统，是指以上各类系统中的两个或多个的组合。

1）红外辐射的基本特点

红外光是波长为 0.76 ~ 1000 μm，是太阳光谱的一部分，其波长范围如图 2 – 15 所示。红外光的最大特点就是具有光热效应，能辐射热量，它是光谱中最大光热效应区。红外光是一种不可见光。红外光与所有的电磁波一样，具有反射、折射、散射、干涉、吸收等性质。红外光在真空中的传播速度为 3×10^8 m/s，红外光在介质中传播会产生衰减，在金属中传播衰减很大。但红外能透过大部分半导体和一些塑料，大部分液体对红外吸收非常大，气体对其吸收程度各不相同。大气层对不同波长的红外光存在不同的吸收带。根据研究分析证明，波长为 1 ~ 5 μm、8 ~ 14 μm 区域的红外光具有比较大的"透明度"。即这些波长的红外光能较好地穿透大气层。

自然界中任何物体，只要其温度在绝对零度之上，都能产生红外光辐射。红外光的光热效应对不同的物体是各不相同的，热能强度也不一样，例如，黑体（能全部吸收投射到其表面

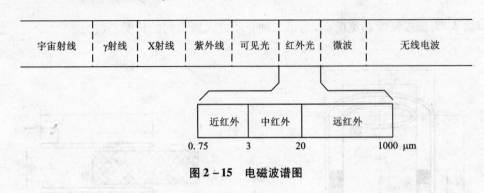

图 2 – 15　电磁波谱图

的红外辐射的物体)、镜体(能全部反射红外辐射的物体)、透明体(能全部穿透红外辐射的物体)和灰体(能部分反射或吸收红外辐射的物体)将产生不同的光热效应。严格来讲,自然界并不存在黑体、镜体和透明体,而绝大部分物体都属于灰体。

2)红外辐射的基本定律

(1)希尔霍夫定律

希尔霍夫定律是指一个物体向周围辐射热能的同时,也吸收周围物体的辐射能,如果几个物体处于同一温度场中,各物体的热发射本领正比于它的吸收本领,这就是希尔霍夫定律。可用下面公式表示

$$E_r = aE_0 \qquad (2-33)$$

式中:E_r 为物体在单位面积和单位时间内发射出来的辐射能;a 为该物体对辐射能的吸收系数;E_0 为等价于黑体在相同温度下发射的能量,它是常数。

黑体是在任何温度下全部吸收任何波长辐射的物体,黑体的吸收本领与波长和温度无关,即 $a = 1$。黑体吸收本领最大,但是加热后,它的发射热辐射也比任何物体都要大。

(2)斯式藩 – 玻尔兹曼定律

物体温度越高,它辐射出来的能量越大。可用下面公式表示

$$E = \sigma \varepsilon T^4 \qquad (2-34)$$

式中:E 为某物体在温度 T 时单位面积和单位时间的红外辐射总能量;σ 为斯式藩 – 玻尔兹曼常数($\sigma = 5.6697 \times 10^{-12} \ \mathrm{W/cm^2 K^4}$);$\varepsilon$ 为比辐射率,即物体表面辐射本领与黑体辐射本领之比值,黑体的 $\varepsilon = 1$;T 为物体的绝对温度。

式(2 – 34)就是斯式藩 – 玻尔兹曼定律。即物体红外辐射的能量与它自身的绝对温度 T 的四次方成正比,并与 ε 成正比。表 2 – 1 是各种材料的比辐射率 ε 值。物体温度越高,其表面所辐射的能量就越大。

表 2 – 1　各种材料的比辐射率值

材料名称		温度/℃	ε 值
铅板	抛光	100	0.05
	阳极氧化	100	0.55
铜	抛光	100	0.05
	严重氧化	20	0.78

续表 2-1

材料名称		温度/℃	ε 值
铁	抛光	40	0.21
	氧化	100	0.09
钢	抛光	100	0.07
	氧化	200	0.79
红砖		20	0.93
玻璃(抛光)		20	0.94
石墨(表面粗糙)		20	0.98
蜡克	白的	100	0.92
	无光泽黑的	100	0.97
油漆(16色平均)		100	0.94
砂		20	0.90
土壤	干燥	20	0.92
	水分饱和	20	0.95
水	蒸馏水	20	0.96
	光滑的冰	-10	0.96
	雪	-10	0.85
人的皮肤		32	0.98

(3)维恩位移定律

热辐射发射的电磁波中包含着各种波长。实验证明，物体峰值辐射波长 λ_m 与物体的自身绝对温度 T 成反比。即

$$\lambda_m = \frac{2897}{T} \qquad (2-35)$$

式(2-35)称为维恩位移定律。

图2-16给出了物体峰值辐射波长与温度的关系曲线。从图中曲线可知，峰值辐射波长随温度升高向短波方向偏移。当温度不很高时、峰值辐射波长在红外区域。

2. 超声波传感器

超声技术的运用是通过超声波产生、传播及接收的物理过程完成的。超声波具有聚束、定向及反射、透射等特性。按超声振动辐射大小不同大致可分为：超声波的功率应用，称之谓功率超声；用超声波获取若干信息，称之谓检测超声。这两种超声波的应用，同样都必须借助于超声波探头(换能器或传感器)来实现。

目前，超声波技术广泛应用于冶金、船舶、机械、医疗等部门的超声清洗、超声焊接、超声加工、超声检测和超声医疗等方面，并取得了很好的社会效益和经济效益。

超声波是听觉阈值以外的振动波，其频率范围为 $10^4 \sim 10^{12}$ Hz，其中常用的频率大约在

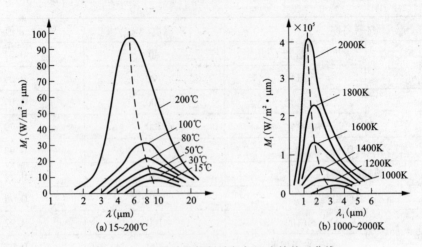

图 2 - 16　物体峰值辐射波长与温度的关系曲线

$1 \times 10^4 \sim 3 \times 10^6$ Hz 之间。

(1)超声波的传播速度

超声波在介质中可产生三种形式的振荡波：横波——质点振动方向垂直于传播方向的波；纵波——质点振动方向与传播方向一致的波；表面波——质点振动介于纵波与横波之间，沿表面传播的波。横波只能在固体中传播，纵波能在固体、液体和气体中传播，表面波随深度的增加其衰减很快。为了测量各种状态下的物理量多采用纵波。超声波的频率越高，越与光波的某些性质相似。

超声波与其他声波一样。其传播速度与介质密度和弹性特性有关。超声波在气体和液体中的传播速度 c_{gL} 为

$$c_{gL} = \left(\frac{1}{\rho \beta_a} \right)^{\frac{1}{2}} \qquad (2-36)$$

式中：ρ 为介质的密度；β_a 为绝对压缩系数。

超声波在固体中，其传播速度分为两种情况。

①纵波在固体介质中的传播速度与介质形状有关。

$$c_q = \left(\frac{E}{\rho} \right)^{\frac{1}{2}} \qquad （细棒） \qquad (2-37)$$

$$c_q = \left(\frac{E}{\rho(1 - \mu^2)} \right)^{\frac{1}{2}} \qquad （薄板） \qquad (2-38)$$

$$c_q = \left(\frac{E(1-\mu)}{\rho(1+\mu)(1-2\mu)} \right)^{\frac{1}{2}} = \left(\frac{K + \frac{4}{3}G}{\rho} \right)^{\frac{1}{2}} \qquad (2-39)$$

式中：E 为杨氏模量；μ 为泊松系数；K 为体积弹性模量；G 为剪变弹性模量。

②横波在固体介质中传播的声速为

$$c_q = \left(\frac{E}{2\rho(1+\mu)} \right)^{\frac{1}{2}} = \left(\frac{G}{\rho} \right)^{\frac{1}{2}} \qquad (2-40)$$

在固体中 μ 介于 $0 \sim 0.5$ 之间，因此，一般可视横波声速为纵波声速的一半。

（2）超声波的物理性质

①超声波的反射和折射　当超声波传播到两种特性阻抗不同介质的平面分界面上时，一部分声波被反射；另一部分透射过界面，在相邻介质内部继续传播，这两种情况称之为声波的反射和折射，如图 2 – 17 所示。

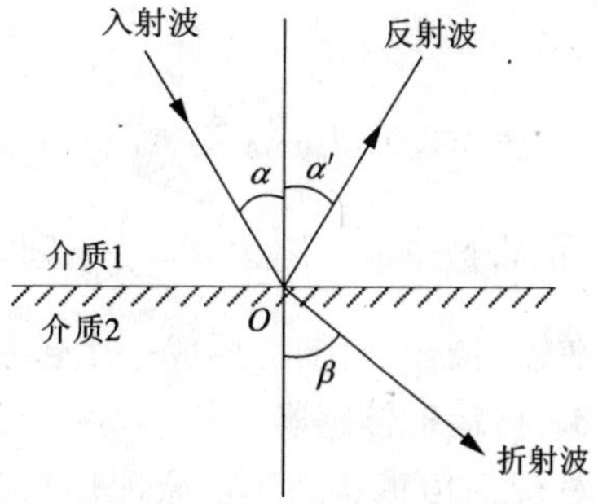

声波的反射系数 R 和透射系数 T 可分别由如下面两式来求

$$R = \frac{\dfrac{\cos\beta}{\cos\alpha} - \dfrac{\rho_2 c_2}{\rho_1 c_1}}{\dfrac{\cos\beta}{\cos\alpha} + \dfrac{\rho_2 c_2}{\rho_1 c_1}} \qquad (2-41)$$

$$T = \frac{\dfrac{2\rho_2 c_2}{\rho_1 c_1} \cdot \cos\alpha}{\cos\beta + \dfrac{\rho_2 c_2}{\rho_1 c_1}} \qquad (2-42)$$

图 2 – 17　超声波的反射和折射

式中，α，β 分别为声波的入射角和折射角；$\rho_1 c_1$，$\rho_2 c_2$ 分别为两介质特性阻抗，其中 c_1 和 c_2 为反射波和折射波的速度。反射角、折射角与其速度 c_1，c_2 满足折射定律的关系式

$$\frac{\sin\alpha}{\sin\beta} = \frac{c_1}{c_2}$$

当超声波垂直入射界面时，即 $\alpha = \beta = 0$，则

$$R = \frac{1 - \dfrac{\rho_2 c_2}{\rho_1 c_1}}{1 + \dfrac{\rho_2 c_2}{\rho_1 c_1}} \qquad (2-43)$$

$$T = \frac{2\dfrac{\rho_2 c_2}{\rho_1 c_1}}{1 + \dfrac{\rho_2 c_2}{\rho_1 c_1}} \qquad (2-44)$$

如果 $\sin\alpha > \dfrac{c_1}{c_2}$，入射波完全被反射，在相邻介质中没有折射波。

②超声波的衰减　超声波在一种介质中传播，其声压和声强按指数函数规律衰减。

在平面波的情况下，距离声源 x 处的声压 p 和声强 I 衰减规律如下

$$p = p_0 e^{-Ax} \qquad (2-45)$$

$$I = I_0 e^{-2Ax} \qquad (2-46)$$

式中：p_0，I_0 为距离声源 $x = 0$ 处的声压和声强；x 为超声波与声源间的距离；A 为衰减系数，单位为 Np/cm（奈培/厘米）。

若 A' 为以 dB/cm 表示的衰减系数，则 $A' = 20\log e \times A = 8.686 A$，此时式（2-45）和式（2-46）相应变为 $p = p_0 \times 10^{-0.05A'x}$ 和 $I = I_0 \times 10^{-0.05A'x}$。实际使用时，常采用 10^{-3} dB/mm 为单位，这时，在一般检测频率上，A' 为 1 到数百。例如，若衰减系数为 1 dB/mm，声波穿透 1 mm，则衰减 1 dB，即衰减 10%；声波穿透 20 mm，则衰减 1 dB/mm × 20 mm = 20 dB，即衰减

90%。

③超声波的干涉。如果在一种介质中传播几个声波，则会产生波的干涉现象。若以两个频率相同，振幅 ξ_1 和 ξ_2 不等、波程差为 d 的两个波的干涉为例，该两个波的合成振幅为

$$\xi_r = \left(\xi_1^2 + \xi_2^2 + 2\xi_1\xi_2 \cos \frac{2\pi d}{\lambda} \right)^{\frac{1}{2}}$$

式中：λ 为波长。从上式看出，当 $d=0$ 或 $d=n\lambda$（n 为正整数）时，合成振幅 ξ_r 达到最大值；而当 $d=n\dfrac{\lambda}{2}$（$n=1$，3，5，$\cdots$）时，合成振幅 ξ_r 为最小值。当 $\xi_1 = \xi_2 = \xi$ 时，$\xi_r = 2\xi\cos\dfrac{\pi d}{\lambda}$；当 $d=\dfrac{\lambda}{2}$ 的奇数倍时，例如 $d=\dfrac{\lambda}{2}$，则 $\xi_r = 0$。两波互相抵消，合成振幅为 0。由于超声波的干涉，在辐射器的周围将形成一个包括最大和最小的超声波场。

3. 核辐射传感器

核辐射传感器的测量原理是基于核辐射粒子的电离作用、穿透能力、物体吸收、散射和反射等物理特性，利用这些特性制成的传感器可用来测量物质的密度、厚度、成分、探测物体内部结构等，它是现代检测技术的重要组成部分。

1）核辐射源——放射性同位素

在核辐射传感器中，常采用 α、β、γ 和 X 射线的核辐射源，产生这些射线的物质通常是放射性同位素。所谓放射性同位素就是原子序数相同、原子质量不同的元素。这些同位素在没有外力作用下，能自动发生衰变，衰变中释放出上述射线。其衰减规律为：

$$J = J_0 e^{-\lambda t} \tag{2-47}$$

式中：J、J_0 为 t 和 t_0 时刻的辐射强度；λ 为衰变常数。

2）核辐射的物理特性

（1）核辐射

核辐射是放射性同位素衰变时，放射出具有一定能量和较高速度的粒子束或射线。主要有四种：α 射线、β 射线、γ 射线和 X 射线。α，β 射线分别是带正、负电荷的高速粒子流；γ 射线不带电，是以光速运动的光子流，从原子核内放射出来；X 射线是原子核外的内层电子被激发射出来的电磁波能量。式（2-47）表示某种放射性同位素的核辐射强度。由该式可知，核辐射强度是以指数规律随时间而减弱。通常以单位时间内发生衰变的次数表示放射性的强弱。辐射强度单位用 Ci（居里）表示：1Ci 的辐射强度就是辐射源 1 s 内有 3.7×10^{10} 次核衰变。1Ci（居里）$= 10^3$ mCi（毫居里）$= 10^6$ μCi（微居里）。在检测仪表中常用 mCi 或 μCi 作为计量单位。

（2）核辐射与物质的相互作用

①核辐射线的吸收、散射和反射

α，β，γ 射线穿透物质时，由于原子中的电子会产生共振，振动的电子形成四面八方散射的电磁波，在其穿透过程中，一部分粒子能量被物质吸收，一部分粒子被散射掉。因此，粒子或射线的能量将按下述关系式衰减

$$J = J_0 e^{-a_m \rho h} \tag{2-48}$$

式中：J、J_0 分别为射线穿透物质前、后的辐射强度；h 为穿透物质的厚度；ρ 为物质的密度；a_m 为物质的质量吸收系数。

三种射线中，γ射线穿透能力最强，α射线次之，β射线最弱。因此，γ射线的穿透厚度比β、α要大得多。

β射线的散射作用表现最为突出。当β射线穿透物质时，容易改变其运动方向而产生散射现象。当产生相反方向散射时，更容易产生反射。反射的大小取决于散射物质的性质和厚度。β射线的散射随物质的原子序数增大而加大。当原子序数增大到极限情况时，投射到反射物质上的粒子几乎全部反射回来。反射的大小与反射物质的厚度有如下关系：

$$J_h = J_m e^{-\mu_h h} \tag{2-49}$$

式中：J_h表示反射物质厚度为$h(mm)$时，放射线被反射的强度；J_m为当h趋向无穷大时的反射强度，J_m与原子序数有关；μ_h为辐射能量的常数。

由式(2-48)、(2-49)可知，当J_0、J_m、a_m、μ_h等已知时，只要测出J和J_h就可求出其穿透厚度h，测出穿透物质的密度，继而可换算出浓度。

（2）电离作用

当具有一定能量的带电粒子穿透物质时，在它们经过的路程上就会产生电离作用，形成许多离子对。电离作用是带电粒子和物质相互作用的主要形式。

α粒子由于能量、质量和电荷大，故电离作用最强，但射程（带电粒子在物质中穿行时，能量耗尽前所经过的直线距离）较短。β粒子质量小，电离能力比同样能量的α粒子要弱。由于β粒子易于散射，所以其行程是弯弯曲曲的。γ粒子几乎没有直接的电离作用。

在辐射线的电离作用下，每秒钟产生的离子对的总数，即离子对形成的频率可由下式表示

$$f_e = \frac{1}{2} \frac{E}{E_d} C \cdot J \tag{2-50}$$

式中：E为带电粒子的能量；E_d为离子对的能量；J为辐射源的强度；C为在辐射源强度为1 Ci时，每秒放射出的粒子数。利用式(2-50)可以测量气体密度等。

2.3.5　其他形式的传感器

（1）气敏传感器

用半导体气敏元件组成的气敏传感器主要用于天然气、煤气、瓦斯、乙醇、石油化工等部门的易燃、易爆、有毒、有害气体的监测、预报和自动控制，气敏元件是以化学物质的成分为检测参数的化学敏感元件。

气敏电阻的材料是金属氧化物，在合成材料时，通过化学计量比的偏离和控制一定的杂质缺陷制成。金属氧化物半导体分N型半导体（如氧化锡、氧化铁、氧化锌、氧化钨等）和P型半导体（如氧化钴、氧化铅、氧化铜、氧化镍等）。为了提高某种气敏元件对某些气体成分的选择性和灵敏度，合成材料有时还渗入了催化剂，如钯（Pd）、铂（Pt）、银（Ag）等。

金属氧化物在常温下是绝缘的，制成半导体后却显示气敏特性。通常器件工作在空气中，空气中的氧和NO_2这样的电子兼容性大的气体，接受来自半导体材料的电子而吸附负电荷，结果使N型半导体材料的表面空间电荷层区域的传导电子减少，使表面电导减小，从而使器件处于高阻状态。一旦元件与被测还原性气体接触，就会与吸附的氧起反应，将被氧束缚的电子释放出来，敏感膜表面电导增加，使元件电阻减小。该类气敏元件通常工作在高温状态（200~450℃），目的是为了加速上述的氧化还原反应。

例如，用氧化锡制成的气敏元件，在常温下吸附某种气体后，其电导率变化不大，若保持这种气体浓度不变，该器件的电导率随器件本身温度的升高而增加，尤其是在 $100 \sim 300℃$ 范围内电导率变化很大，显然，半导体电导率的增加是由于多数载流子浓度增加的结果。氧化锡、氧化锌材料气敏元件输出电压与温度的关系如图 2-18(b) 所示。

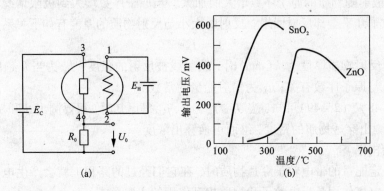

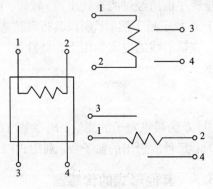

(a)

(b)

图 2-18　气敏传感器结构示意图

由上述分析可以看出，气敏元件工作时需要本身的温度比环境温度高很多。因此，气敏元件结构上，有电阻丝加热器，结构如图 2-19 所示，1 和 2 是加热电极，3 和 4 是气敏电阻的一对电极。

气敏元件的基本测量电路，如图 2-18(a) 所示，图中 E_H 为加热电源，E_C 为测量电源，气敏电阻值的变化，引起电路中电流的变化，输出电压（信号电压）由电阻 R_0 上取出。特别是在低浓度下灵敏度高，而高浓度下趋于稳定值。因此，常用来检查可燃性气体泄漏并报警等。

图 2-19　气敏元件结构

气敏电阻元件种类很多，按制造工艺分为烧结型、薄膜型、厚膜型。

（2）湿敏传感器

湿度是指大气中的水蒸气含量，通常采用绝对湿度和相对湿度两种表示方法。绝对湿度是指单位空间中所含水蒸气的绝对含量，一般用符号 AH 表示。相对湿度是指被测气体中蒸气压和该气体在相同温度下饱和水蒸气压的百分比，一般用符号 RH 表示。相对湿度给出大气的潮湿程度，它是一个无量纲的量，在实际使用中多使用相对湿度这一概念。

例如氯化锂湿敏电阻是利用吸湿性盐类潮解，离子导电率发生变化而制成的测湿元件。结构如图 2-20 所示，由引线、基片、感湿层与电极组成。

氯化锂通常与聚乙烯醇组成混合体，在氯化锂（LiCl）溶液中，Li 和 Cl 均以正负离子的形式存在，而 Li^+ 对水分子的吸引力强，离子水合程度高，其溶液中的离子导电能力与浓度成正比。当溶液置于一定温湿场中，若环境相对湿度高，溶液将吸收水分使浓度降低，因此，其溶液电阻率增大。反之，环境相对湿度变低时，则溶液浓度升高，其电阻率下降，从而实现对湿度的测量。氯化锂湿敏元件的湿度 - 电阻特性曲线如图 2-21 所示。

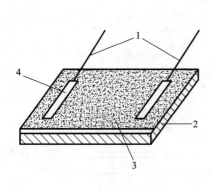

图 2-20 湿敏电阻结构示意图

1—引线；2—基片；3—感湿层；4—金属电极

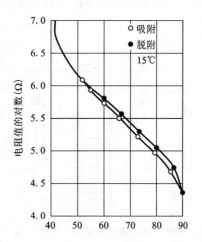

图 2-21 氧化锂湿度–电阻特性曲线

由图可知，在 50%~80% 相对湿度范围内，电阻与湿度的变化呈线性关系。为了扩大湿度测量的线性范围，可以将多个氯化理含量不同的器件组合使用，如将测量范围分别为 10%~20% RH，20%~40% RH，40%~70% RH，70%~90% RH 和 80%~99% RH 五种元件配合使用，就可自动地转换完成整个湿度范围的湿度测量。

氯化锂湿敏元件的优点是滞后小，不受测试环境风速影响，检测精度高达 ±5%。但它耐热性差，不能用于露点以下测量，器件性能的重复性不理想，使用寿命短。

2.4 矿物加工生产过程参数测量常用检测仪表

矿物加工生产过程的主要参数有重量、粒度、浓度、流量、pH、品位、液位（料位）以及粘度等，对应地，检测这些参数的仪表有皮带秤、粒度仪、浓度计、流量计、密度计、pH 计、品位仪、物位仪和粘度计等。

2.4.1 皮带秤

皮带秤是矿物加工过程称重的主要设备，多用于给料和产品的计量。常用的皮带秤由 6 个部分组成，包括秤体、测速传感器、称重传感器、电机、控制柜和显示仪，如图 2-22 所示。

电机根据设定的转速带动皮带运转，假设在某一时刻 t，测速传感器测得皮带速度为 $v(t)$，称重传感器测得此刻皮带承重为 $q(t)$，则此刻的瞬时输送量为 $v(t) \cdot q(t)$；因此，在一段时间（$t_1 \sim t_2$）内，皮带的输送量 W 可由式（2-51）计算得出。

$$W = \int_{t_1}^{t_2} v(t) \cdot q(t) \, dt \qquad (2-51)$$

从上式可知，只要测准 $v(t)$ 和 $q(t)$，通过计算，就可以准确地得到某一时段内的物料量 W。因此，准确地测量出皮带瞬时速度和瞬时承重量是关键技术。目前常用的称重传感器有两种，一种是压力传感器，采用压力传感器的皮带秤称为电子皮带秤；另一种是射线传感器，采用射线传感器的皮带秤称为核子皮带秤。下面简要介绍一下核子皮带秤的称重原理。

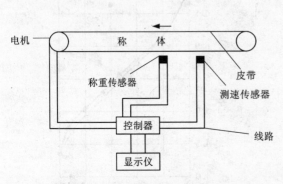

图 2 - 22　电子皮带秤工作示意图

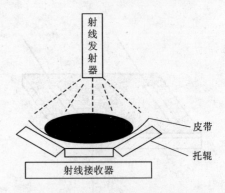

图 2 - 23　核子皮带秤的称重原理

如图 2 - 23 所示，安装在秤体上方的射线发射器发出射线，射线穿过物料时部分被吸收，在皮带下安装有电离室检测器，室内充满惰性气体，当衰减后的射线进入电离区的灵敏区时，射线携带的能量引起惰性气体电离形成电子和正离子，并在电场的作用下形成电流，此电流与穿过物料后的射线强度成比例。通过电路转换，可以将电流转换成与物料量成正比的电压输出。输出电压与物料的关系为

$$F = A\ln(U_U/U) \qquad (2-52)$$

式中：U 为空载时检测器的输出电压；U_U 为负载时检测器的瞬时输出电压；A 为皮带秤的负荷常数；F 为皮带机的瞬时负荷。

这里 F 相当于式(2 - 51)的 $q(t)$，因此，对于核子皮带秤，可用式(2 - 53)计算一段时间 $(t_1 \sim t_2)$ 内皮带的输送量 W。

$$W = \int_{t_1}^{t_2} v(t) \cdot F(t)\,\mathrm{d}t \qquad (2-53)$$

电子皮带秤的精度容易受秤架、物料冲击力等因素的影响。皮带与托辊之间的摩擦力作用会使称重传感器承受比实际矿石重量小的作用力，因而引起测量误差，而皮带张力的影响同样会使称量段上的矿石重量不能如实地作用到传感器上。此外，物料进入皮带秤时一般都有一定的速度和冲击力，从而使称量结果偏高。但是电子皮带秤的校准方法灵活多样，不受运输物料种类、成分、水分变化的影响，可以直接得出运输物料的实物重量等优点。核子传感器不受秤架、跑偏和冲击力等因素的影响，结构简单，需要空间小，安装维护方便。但是它易受物料成分、水分、物料形状的影响，准确度不易提高，其放射源对环境有污染，且校验方式单一。

2.4.2　粒度仪

粒度是矿物加工过程中一个非常重要的参数，直接影响到选别的效率。检测粒度的主要仪器仪表是粒度仪，尤以激光粒度仪应用最为广泛。近年来，图像分析技术的迅速发展也使图像分析技术进入到颗粒分析设备的行列，且有望成为在线颗粒分析的主流设备。此外，新兴的以光子交叉相关光谱为基础的在线粒度测试技术、速度测试技术以及超声波粒度测试技

术等，也为在线粒度分析和检测提供了新的途径。

1. 激光粒度仪

激光粒度仪是实验室测定悬浮颗粒粒度的主流粒度仪，具有测试速度快、重复性好、分辨率高、测试范围广的特点。随着技术的进步，也逐步应用到在线粒度检测。激光粒度仪的基本原理是光散射（如图2-24）。当一束光照射到一个圆球颗粒时将发生散射现象，颗粒越大，散射角越小，因而不同粒径的粒子散射的光就会落在接收器的不同的位置上。对于一个粒群，通过适当的光路配置，可以将同样大小的粒子所散射的光汇聚到相同的位置上，这个位置上对应的光的强度就是该粒径颗粒的相对数量。

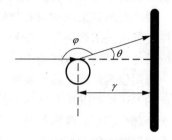

图2-24　光的散射

图2-25是激光粒度仪的基本原理图。激光器发出的一束窄光束经扩束系统后平行地照射在测量区样品池上，光束被样品颗粒群产生的散射发出不同角度的散射光，散射光经会聚透镜会聚到光电探测器上，进行光电转换为电信号，再经过放大、A/D变换和数据采集后，送到计算机中，通过预先编制的程序进行计算，即可求出颗粒群的尺寸分布。

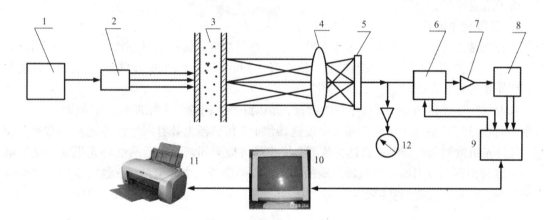

图2-25　激光粒度仪的基本原理图

1—激光器；2—扩束器；3—测量区；4—傅立叶物镜；5—多元探测器；6—多路开关；
7—放大电路；8—A/D电路；9—接口电路；10—计算机；11—打印机；12—对中显示

工业生产时，一般要求仪表可以实现在线参数检测，从而达到实时控制的目的。针对这种要求，国内外许多公司都研发了在线激光粒度分析仪，如英国马尔文（Malvern）、美国的库尔特、法国西拉思以及国内的欧美克、丹东百特等。以英国马尔文公司的Insitec在线粒度分析仪为例，整个系统由模块化的单元组成，可根据测试要求的不同进行调整。例如，对于固态样品，采样机构采用样品槽和螺旋钻，用文氏管、内嵌流动池进行调节和传输，对于悬浊液（如矿浆等），则直接从管道引流，进行连续测量。测量结果反馈给自动控制系统。

2. 超声波粒度仪

当超声波在超细颗粒悬浮液中传播时，悬浮液中超细颗粒对超声波的散射和吸收作用，使入射超声波在传播过程中能量不断衰减。超声波粒度仪就是通过测量两相流中超声波声速和衰减系数，然后结合数学模型中给出的衰减与颗粒粒度的关系，来获得悬浮液中颗粒的粒度大小和尺寸分布的。它可以直接测定悬浮液中的颗粒粒度分布和颗粒运动速度，非常适合湿法矿物加工过程如磨矿、浮选、浓缩等作业的粒度参数在线检测。

经典的声衰减模型为 EC/AH 模型。该模型将声衰减和声速的计算最终归结为一个 6 阶线性方程组的求解问题。在 EC/AH 模型的基础上，可以得出悬浮液中颗粒的平均粒度及体积浓度与声衰减系数间的关系。

应用较为广泛的超声波粒度仪有美国 ARMCO 公司生产的 PSM 系列、芬兰奥托昆普公司生产的 PSI 系列以及美国 Matec Applied Science 公司生产的 APS 系列。以 PSM 系列为例，它由 5 个部分组成：取样和空气分离器、取样和空气分离器控制箱、样品分析模块、控制和显示模块以及水零点标定模块。取样和空气分离器通过一个水力真空泵辅助的矿浆离心机从取样点连续吸取矿浆，进行脱气处理后输送到样品分析模块，整个过程由对应的控制系统控制。

2.4.3 浓度计

矿物加工过程的浓度检测包括矿浆浓度检测和药剂浓度检测等。它们所用的浓度计是不同的，检测矿浆浓度一般用悬浮物浓度计（污泥浓度计），而药剂浓度的检测多用液体浓度计、离子浓度计等。

1. 悬浮物浓度计

悬浮物浓度计多采用物理的方法来检测悬浮物的浓度。常用的悬浮物浓度计的检测原理都是以电磁波的衰减（即电磁波通过悬浮液被吸收）和散射为基础的，包括声波衰减、射线透射、红外光透射及光散射等。

如某公司生产的 MLSS 型悬浮物浓度计，是以红外光的透射为原理的，其结构如图 2 - 26 所示。每个浓度计由一个传感器和一个变送器组成，传感器上装有两组红外光发射器和接收器，红外光由发射器经悬浮液到达接收器，接收器将检测到被吸收后的红外光强度转化为电信号。这种由两组发射器 - 接收器组成的光路可以消除或减少光窗粘污、温度变化等因素带来的影响，具有更高的测量精度。该系列浓度计的测量精度为 ±1% FS，量程为 0 ~ 100 g/L。

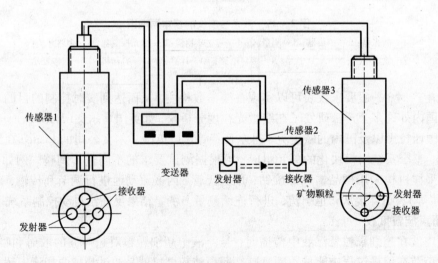

图 2 - 26 MLSS 悬浮物浓度计

USD 型超声波污泥浓度计采用超声波衰减为原理，通过测量超声波由发射器经悬浮液传输到接收器时的衰减量即可得知悬浮液的浓度。USD 型污泥浓度计有浸入式和管道式两种传感器，可适应管道测量和容器测量。其测量精度为 ±2.5% FS，可测量浓度为 0 ~ 60% 的矿浆。

TSS 型悬浮液浓度计(浊度计)采用90°角散射光原理。发射器和接收器成90°光学角，当光从发射器发射后被介质中的矿物颗粒散射，接收器可接收到与发射光方向成90°角的反射光，通过测量这个角度的发射光强度即可计算出悬浮液中固体颗粒的浓度(浊度)。其测量精度为 ±1% FS，以浊度计量时可测量 0 ~ 2000NUT。

2. 液体浓度计

液体浓度计的测量原理包括物理方法和化学方法，如超声波传播速率、射线、电导率、电磁感应等。目前常用的液体浓度计有超声波浓度计和电磁浓度计两种。

不同于超声波悬浮物浓度计，超声波液体浓度计的测量原理，是声波在不同密度的介质中传播速度的差异。传感器先测出超声波在介质中传播的速度，计算出溶液的密度，再依据溶液密度和浓度间的关系换算得出浓度。

(1)超声波浓度计

图 2 - 27 为超声波液体浓度计的结构示意图。一个超声波液体浓度计由一个超声波传感器、一个温度传感器和一台变送器组成。超声波传感器的发生器发出一个脉冲信号在被测介质中传播并反射回来，由于超声波的声程 L 是固定的，只要测得传播时间 t 即可得到超声波在被测介质的传播速度 v。由于被测介质的密度受温度的影响，因此还需要一个温度传感器来测量当前系统的温度。这组数据经转换之后与标准库中对应温度下的标准曲线相比较，即可得到被测介质的浓度。现有超声波浓度计的密度量程较小，一般为 0 ~ 3 g/ml，精度可达 0.001 g/ml。

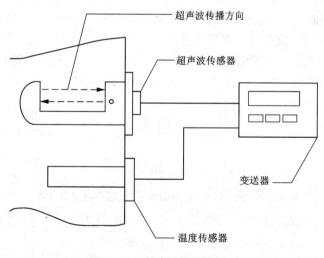

超声波传播方向
超声波传感器
变送器
温度传感器

图 2 - 27　超声波液体浓度计

(2)电磁浓度计

电磁浓度计是以电磁感应原理为基础设计的。在化学溶液中，电解质溶液浓度的变化一般都会引起电导率的变化，通过能斯特方程可以计算出浓度和电导率的关系。电磁浓度计是利用电解质溶液的导电性能，利用电磁激励原理使其产生电流。如图 2-28 所示，T_1 和 T_2 为两个环形变压器，T_1 上绕有 n_1 匝激励线圈（原边绕

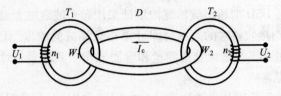

图 2-28　电磁浓度计原理

组），当给激励线圈加上 U_1 电压后，电磁感应将在待测溶液 D（可视为等效电阻为 R_C 的单匝线圈）回路上产生幅值为 $V_1 = (1/n_1) \cdot U_1$ 的感应电压，因此，D 中的感应环形电流为 $I_C = (1/n_1) \cdot U_1/R_C$，而 I_C 将激励 T_2 产生感应电压 U_2：

$$U_2 = K \cdot \frac{n_2}{n_1 R_C} \cdot U_1 \tag{2-54}$$

式中，K 为变压器相关的常数，cm^{-1}；R_C 为 D 的等效电阻，将 R_C 用电导率代替，可得

$$U_2 = \frac{n_2 K}{n_1 L} U_1 S \tag{2-55}$$

式中：n_1 为原边线圈的匝数；n_2 为副边线圈的匝数；L 为磁感应系数；S 为溶液的电导率。

2.4.4　流量计

流量是指单位时间内通过某一截面的流体体积或质量。对于矿物加工等生产过程，流量一般是不稳定的，因此，通常需要通过测量瞬时流量 $q(t)$，再对其在一个时间段内进行积分来得到这一时间段内的流量。瞬时流量 $q(t)$ 可表示如下

体积瞬时流量 $$q_V(t) = \frac{dV}{dt} = v(t) \cdot A \tag{2-56}$$

质量瞬时流量 $$q_M(t) = \frac{dM}{dt} = v(t) \cdot \rho \cdot A \tag{2-57}$$

其中：A 表示流通截面积；$v(t)$ 为瞬时流速；ρ 为流体密度。由此可知，通过测量瞬时流速即可测得瞬时流量。因此，流量计通常是通过直接测量体积或瞬时流速来测定流量的，根据这个原理，流量计可分为体积流量计和流速流量计。此外，以伯努利方程原理来测量流量的压差式流量计也是常用的流量仪表。表 2-2 为常用流量计的分类。

表 2-2　常用流量计的分类

检测的物理量		流 量 计
体积	容积	腰轮流量计、皮膜式流量计、刮板流量计等
	速度	涡轮流量计、涡街流量计、电磁流量计、超声波流量计等
	压差	均速管流量计、弯管流量计、靶式流量计、浮子流量计、楔形流量计、节流流量计等
质量	体积	体积流量经补偿换算求得质量流量的流量计
	质量	热式流量计、科里奥利流量计、冲量式流量计等

1. 转子流量计

腰轮流量计是典型的转子流量计，如图 2-29 所示，它由一个壳体和一对（或多对）腰轮

组成，两个腰轮由齿轮带动相向转动。在 a 位置时，腰轮 A 和壳体形成一个封闭的定容空间——计量室，转动到 b 位置时，完成一次定容计量，腰轮继续转动，到 c 位置时由腰轮 B 与壳体形成一个计量室，转动到 d 位置时完成又一次计量，此时腰轮旋转了180°。由此可知，腰轮转动一周流量计可输送4个计量室体积的流体，即 $V = 4nv$（V 为流体总体积量，n 为腰轮转动次数，v 为计量室体积）。

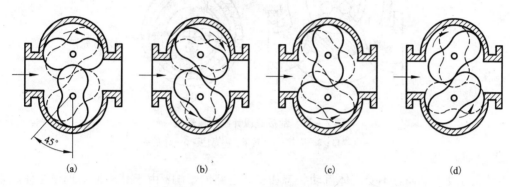

图2-29　腰轮流量计结构原理图

图2-30为几种其他形式的转子流量计，工作原理与腰轮流量计类似，不赘述。

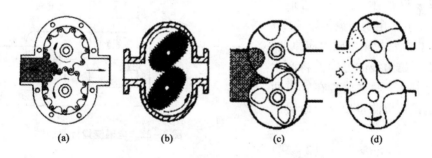

图2-30　其他常见转子流量计结构原理图
(a)齿轮流量计；(b)椭圆齿轮流量计；(c)双转子流量计；(d)螺旋杆流量计

2. 刮板流量计

刮板流量计是单转子流量计，有凸轮式和凹陷式两种，不同之处在于控制刮板伸缩的机构，凸轮式流量计的刮板由转子中心的凸轮控制，而凹陷式则是由壳体控制。

如图2-31(a)所示，凸轮是装在转轴上的一个扇形元件，当刮板在 A 位置时，凸轮将其顶出，与它的前一个刮板及壳体一起形成一个计量室；当刮板在 A—B 间运动时，径向位置保持不变，而其前一个刮板则向内收缩，将计量室中的流体放出；越过 B 点后，刮板顺凸轮的边缘径向收缩，在 C 点缩至极限；在 C,D 区间，刮板保持收缩状态运动，越过 D 点后又被凸轮逐步推出，到 A 点时达到极限，完成一个循环。在这个过程中，流量计输送的流体体积也为4倍计量室容积，测出循环次数即可得到流体流量。

有别于凸轮流量计，凹陷式流量计的刮板受壳体的控制，如图2-31(b)所示。

容积式流量计适合于高粘度流体的计量，是所有流量计中精度最高的流量计，误差可达

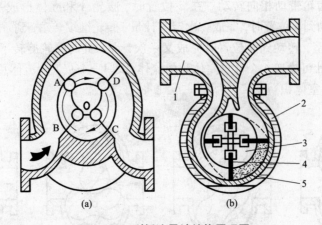

图 2 - 31   刮板流量计结构原理图
1—入料口；2—壳体；3—转子；4—刮板；5—计量室

±0.1%甚至更高，而且不受流体流动状态和安装管路的影响；由于其测量物理量是体积量，因此计量直观、方便，无需其他辅助机构。但是，容积式流量计只适用于单相流，适用范围太小，而且机械结构复杂，体积大，一般只适用于小口径。

3. 电磁流量计

如图 2 - 32 所示，在一个管道上加上磁场 B，并让电解质流体以速度 v 流经管道，根据法拉第电磁感应原理，在管道垂直于磁力线的方向上将产生一个感应电势 U，通过放置在管道两侧的两个电极可以测量出这个电势的大小。

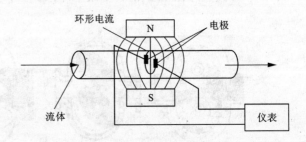

图 2 - 32   电磁流量计原理图

$$U = kBD\bar{v} \qquad (2 - 58)$$

其中：k 为仪表系数；$\bar{v}$ 为流体的平均流速；D 为管道内径。由式（2 - 58）可知，感应电势正比于流体的平均流速。因此，测得感应电势的大小即可得到流体的平均速度，进而得到流量。

电磁流量计的结构，相对于前述的几种机械流量计而言比较简单，它由一个传感器和一个转换器组成，可采用分离式或一体化式布置，传感器检测流量信号，转换器则将流量信号放大和处理，输送到显示仪等输出设备。图 2 - 33 为常见电磁流量计的结构。

励磁技术是电磁流量计的关键技术，至今为止，电磁流量计的励磁技术大致经历了直流励磁、工频正弦波励磁、低频矩形波励磁、三值低频矩形波励磁和双频矩形波励磁的发展阶段。目前，以低频矩形波和双频矩形波励磁技术为主的励磁技术，可以基本上排除交流磁场引起的涡流干扰和分布电容引起的工频干扰，避免了直流磁场的极化现象和正弦波交流磁场的正交干扰，解决了电磁干扰问题，使电磁流量计的测量精度、零点稳定性和整体性能大大提高。

电磁流量计，结构简单、能耗低、安装方便，测量精度不受被测流体的密度、粘度等物理

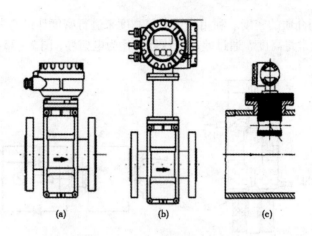

图2-33 常见电磁流量计的结构

(a)分离式;(b)体化式;(c)插入式

性质影响,量程比可达100:1甚至1000:1,可测量脏污介质、腐蚀性介质和固液两相流介质,适用范围广,且反应灵敏,可测瞬时流量,非常适用于实时控制的工业自动化过程,在过程控制中已得到广泛应用。但是,它易受外界磁场的影响,且不适用于气相介质、气液两相流介质和低导磁性介质的测量。

4. 差压式流量计

差压式流量计原理如图2-34所示,它是通过在管道中安装能使流体经过时产生压差的装置,并利用压差传感器测出压差值,再通过转换器将压差值转化为流量值。差压式流量计的发展历史悠久,技术成熟,已经形成许多标准化的系列产品,为工业过程的流量检测带来很大的方便,常见的有节流流量计、楔形流量计、弯管流量计等。

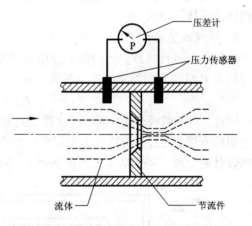

图2-34 差压流量计结构原理图

2.4.5 密度计

密度是指单位体积的物质质量大小。矿石密度是矿物加工工艺的重要参数。因此,密度检测对矿物加工过程非常重要。密度检测方法包括间接法和直接法,工业过程使用的密度计多为间接法。下面简要介绍几种常用的工业型密度计。

1. 浮筒密度计

浮筒式密度计的基本原理是阿基米德原理,即

$$F = \rho V g \tag{2-59}$$

式中: F 为浮筒受到的浮力; ρ 为被测介质的密度; V 为浮筒浸入被测介质的体积; g 为重力加速度。

如果浮筒为规则几何体且截面积已知,那么浮筒浸入被测介质的体积就可以转化为浮筒浸入被测介质的高度。对于一个固定的浮筒,总高是一定的,因此,测量浮筒在介质液面以

上的高度 h 即可得到介质的密度。利用测量浮筒高度来进行密度计量的密度计称为漂浮浮筒密度计。工业上，通常将高度 h 通过差动变压器转化为电信号，图 2-35 为其结构原理图。

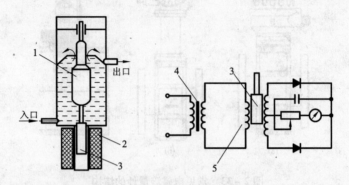

图 2-35　漂浮浮筒式密度计

1—浮筒；2—差动变压器线圈；3—磁芯；4—电源变压器；5—差动变压器

如果浮筒完全浸入被测介质，那么浮筒浸入介质的体积是固定的，因此浮筒受到的浮力只与介质密度有关。利用连杆装置可将浮力传送给压力传感器，再通过变换器转换为数字输出。这种密度计称为浸入式浮筒密度计。

由浮筒式密度计的测量原理可知，其测量结果易受流体流速的影响。因此，不适用于流速较快的流体的测量。

2. 吹气式密度计

吹气式密度计根据介质内部的静压力和密度的关系进行密度检测。众所周知，介质内部的静压力 P 只与介质的密度 ρ 及深度 h 有关，即

$$P = \rho \cdot g \cdot h \tag{2-60}$$

因此，对于两种介质，同一深度静压力差只与两种介质的密度差有关，如果已知其中一种介质的密度，通过检测静压力差就可得到密度差，从而得到被测介质的密度，这就是吹气式密度计的原理。基本结构原理图如图 2-36 所示。

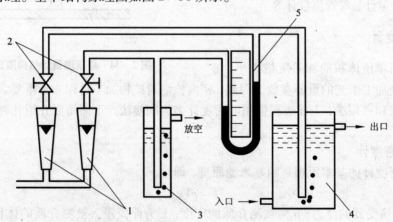

图 2-36　吹气式密度计的结构原理

1—流量计；2—针形阀；3—标准介质；4—被测介质；5—压差传感器

使用吹气式密度计时要注意介质的密度会随温度和压力而变化，因此，要保证被测介质和标准介质处在相同的环境中。此外，还要注意被测介质和标准介质膨胀系数的一致性。

3. 重力式密度计

重力式密度计是一种间接测量的密度计，即先测出介质的质量和体积，再计算得出介质密度。重力式密度计的结构形式很多，以弹簧重力式密度计为例，当介质通过图 2 – 37 所示的被测介质容器 2 时，容器将受到自身重力 G_r、被测介质重力 G_j、外筒介质浮力 F_f 和装在螺簧管上的弹簧的拉力 F_t 的作用

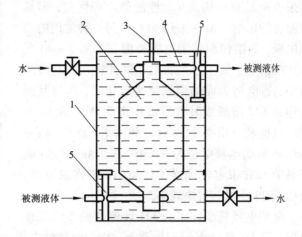

图 2 – 37　弹簧重力式密度计结构原理
1—外筒；2—测量容器；3—顶杆；4—螺簧管；5—支撑杆

$$F_t + F_f = G_j + G_r \tag{2 – 61}$$

变换得

$$F_t = kx = (\rho_1 - \rho_0)Vg + G_r \tag{2 – 62}$$

式中：ρ_0 为外筒介质的密度；ρ_1 为被测介质的密度；V 为测量容器的容积；g 为重力加速度；k 为弹簧的弹性系数；x 为弹簧的位移量；弹簧位移量 x 可以通过顶杆 3 的位移量来反映。因此，通过测量顶杆的位移量即可得到被测介质的密度。

4. 核子密度计

核子密度计是一种可以测量液体、固体、液固两相流等多种介质的密度计，基本原理是射线透过介质时会发生衰减或散射。射线的衰减量或固定散射角的散射强度与介质的密度、厚度等相关。核子密度计的工作原理与前面介绍的核子浓度计和核子皮带秤的原理基本一致，所不同的是，测量物料厚度时，密度为已知量，而检测密度时，需要知道介质的厚度。

核子密度计的通用性强，精度高，灵敏度高，稳定性好。因此，在工业过程参数自动检测和控制中应用很广，是近年来在线密度检测的主流产品。

2.4.6　pH 计

pH 值是浮选过程的一个重要参数，对浮选作业的效率有直接的影响。工业 pH 计可以实现自动、连续对 pH 值的检测。

pH 计也称酸度计，其工作原理是电极电位和原电池。酸度计的基本结构如图 2 – 38 所示，包括参比电极 1、工作电极 2、检测变送电路和显示仪表。参比电极、工作电极和被测溶液之间形成一个与 pH 值有关的原电池，通过变送电路将原电池的电动势转换为溶液的 pH 值。电极是关键部件，下面介绍几种工业上常见的电极。

甘汞电极是常用的参比电极之一，图 2 – 39 为甘汞电极的结构图。通常采用饱和 KCl 溶液作为电极的盐桥。KCl 溶液渗入甘汞使其成为液体溶液，金属汞和甘汞溶液间就会产生电极电位。甘汞电极采用饱和 KCl 溶液为盐桥时，在常温（25℃）下的电极电位为 + 0.2458 V。

甘汞电极具有结构简单，性能稳定等优点，但易受温度的影响。Ag-AgCl 电极是另一种常用的参比电极，其结构和甘汞电极类似。如图 2-40 所示，在铂丝上镀上一层银后，将其置入稀盐酸溶液中，通电将表面的银氧化为氯化银，再将其浸入饱和 KCl 溶液或其他溶液中即为 Ag-AgCl 电极。以饱和 KCl 为盐桥时，常温下（25℃）Ag-AgCl 电极的电极电位为 +0.197 V。Ag-AgCl 电极具有和甘汞电极同样的优点，且工作温度高，可达250℃，但其价格较高。

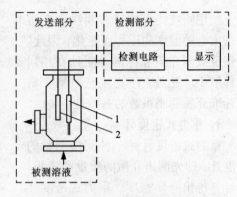

图 2-38　pH 计的基本结构

1—参比电极；2—工作电极

玻璃电极是现在工业 pH 计使用最多的工作电极，图 2-41 为其结构示意图。将一个辅助电极如 Ag-AgCl 电极插入装有缓冲液的特殊玻璃管中（玻璃容器上半部分为普通玻璃，下端球形部位为特制的敏感玻璃膜，厚度为0.1~0.2 mm，含 SiO_2 72%、Na_2O 22%、CaO 6%），并将玻璃管置入被测溶液中，此时将在玻璃膜的内外形成水化层，水化层的 H^+ 与玻璃膜的金属离子（如 Na^+）发生离子交换而改变电荷分布，在水化层和溶液之间形成电位差。玻璃膜内外的电位差即为玻璃电极的电极电位。玻璃电极的性能稳定、量程大，但内阻高，受温度的影响较大。

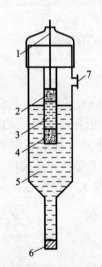

图 2-39　甘汞电极

1—导线；2—汞；
3—甘汞；4—棉花；
5—饱和 KCl 溶液；6—多孔陶瓷

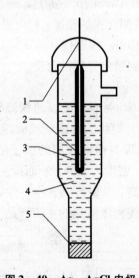

图 2-40　Ag-AgCl 电极

1—导线；2—铂丝；
3—Ag-Ag-Cl 镀层；
4—饱和 KCl 溶液；5—多孔陶瓷

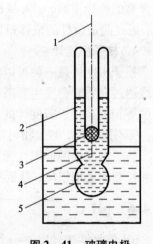

图 2-41　玻璃电极

1—导线；2—缓冲溶液；3—锡封；
4—辅助电极；5—玻璃膜

锑电极是常用的金属工作电极。在金属锑的表面镀一层氧化锑，将它浸入溶液中时，两性化合物氧化锑会与水结合生成氢氧化锑，从而产生电极电位，这就是锑电极的工作原理。锑电极具有内阻低、结构简单、稳定性好、反应灵敏等优点，而且可以在恶劣的环境下使用，但是精度不高。

2.4.7　品位仪

在矿物加工过程自动化中，品位在线自动检测是较为薄弱的环节。目前，大多数的选厂还是采用人工采样化验的方法获得品位，商业化的品位在线自动分析仪产品非常少。但X射线荧光分析仪等现代分析仪器的应用，使矿物品位分析朝着自动化的方向迅速发展。

1. X射线荧光分析仪

X射线荧光分析仪的基本原理是利用X射线源照射样品，使样品中的元素受激发射出新的X射线，这些新的X射线和受激的元素有关，称为特征X射线，不同元素发射的X射线波长和能量不同。因此，检测特征X射线的强度即可得到对应元素的含量，从而得到元素的品位。根据检测对象的不同，可分为检测特征X射线波长的称为X射线荧光光谱仪。检测特征X射线能量的称为X射线能谱仪。

针对工业自动化应用的需要，许多公司开发了在线X射线荧光分析系统，即以X射线荧光分析仪为核心设备，附加配套的取样、制样装置、样品预处理装置，再加上数据处理、显示系统，组成整套自动化在线矿物品位分析系统。

2. 在线测灰仪

煤炭灰分是指燃烧后残留物的重量占燃烧前总量的比值，一般用它来表示煤质的情况。实验室检测灰分的一般方法是人工对样品称重后，将样品放入马弗炉中燃烧，然后对燃烧后的残留物冷却称重，再计算灰分值。这种方法耗费时间长，操作繁琐，且无法实现在线检测，不能满足工业自动化的要求。近年来发展起来的在线测灰仪解决了这个问题，下面以某公司生产的Coalscan - 2100在线测灰仪为例作简单介绍。

（1）Coalscan - 2100在线测灰仪的基本结构

如图2 - 42所示，Coalscan - 2100在线测灰仪，由C形支架、电控箱、探头（热检波器）、放射源、计算机终端等几个主要部分组成。仪器可整体安装在皮带运输机机架上，安装方便。

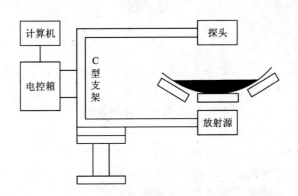

图2 - 42　Coalscan - 2100在线测灰仪结构框图

（2）Coalscan - 2100在线测灰仪的工作原理

Coalscan - 2100在线测灰仪，采用Am^{241}、Cs^{137}双能量γ射线透射法，动态检测煤流灰分。当射线通过均匀、稳定的煤介质时，γ射线的一部分能量被吸收，一部分透过煤介质，还有一部分被反射。由于煤炭为黑色，反射强度较小，反射能量可忽略不计。因此，根据射线

衰减理论可得

$$I = I_0 \exp(-\lambda t) \qquad\qquad (2-63)$$

式中：I_0 为射线初始强度；I 为透过煤介质的射线强度；λ 为射线的吸收系数；t 为煤层厚度。根据上式可得射线的衰减率

$$L = \ln(I/I_0) = -\lambda t \qquad\qquad (2-64)$$

因此，对于不同能量的射线，其衰减率是不同的。低能量 γ 射线镅元素单个放射线颗粒能量为 60eV，能量较小；高能量 γ 射线铯元素单个放射线颗粒能量为 660eV，能量较大。镅 γ 射线对灰分变化反应敏感，而铯 γ 射线对灰分变化的反应敏感性较小。利用这两个不同能量的射线可以消除煤层厚度的影响，以增强镅 γ 射线对灰分的敏感度：

$$L_{Am} = -\lambda_{Am} t = \ln(I_{Am}/I_{0Am})$$
$$L_{Cs} = -\lambda_{Cs} t = \ln(I_{Cs}/I_{0Cs})$$

两式相比即可消去 t。

煤对射线的吸收系数 λ 与煤中的矿物质含量成正比，可由下式表示

$$Ash = B_0 + B_1 \left[(I_{Am}/I_{0Am})/(I_{Cs}/I_{0Cs}) \right] \qquad (2-65)$$

式中：Ash 为煤的灰份；B_0 为静态标定方程的截距；B_1 为静态标定方程的斜率；I_{Am}、I_{0Am} 分别为穿透低能量镅 γ 射线煤层和空载皮带时的强度；I_{Cs}、I_{0Cs} 分别为穿透煤层的高能量铯 γ 射线穿透煤层和空载皮带时的强度。

Coalscan-2100 的主要技术参数为：

皮带宽度 ≤1600 mm；

煤入料上限 300 mm（根据煤种不同而有所差异）；

床层厚度范围 50~330 mm；

分析精度 ±0.5% ~ ±1.0%。

习　题

2-1　自动检测系统主要由哪几部分组成？各部分的功能如何？

2-2　什么是测量误差？测量误差主要有哪几种？各种测量误差的表达方式如何？

2-3　电阻应交片式传感器是怎样检测压力的？

2-4　差动变压器传感器是如何来检测物体位移的？

2-5　电容式传感器是如何来检测液体液位的？

2-6　请查资料说明瓦斯传感器的工作原理及特性。

2-7　掌握电子皮带秤的工作原理，应用特点。

2-8　掌握电磁流量计的工作原理，应用特点。

2-9　了解 X 射线荧光分析仪的工作原理和应用特点。

2-10　掌握测灰仪的工作原理及应用特点。

第 3 章 矿物加工过程经典控制系统基础

3.1 概述

3.1.1 经典控制技术的发展与现状

在 1868 年至今的短短 100 多年中，自动控制理论无论在深度和广度上都得到了令人吃惊的发展，对人类社会产生了巨大的影响。从瓦特的蒸汽机，阿波罗登月到海湾战争，无处不显示着控制技术的威力。

控制理论的发展日新月异，本节将仅对控制理论中经典部分的发展过程及背景进行简要的介绍。

1. 自动控制技术的早期发展

以反馈控制为其主要研究内容的自动控制理论的历史，若从目前公认的第一篇理论论文 J. C. Maxwell 在 1868 年发表的"论调节器"算起，至今已有 100 多年。然而控制思想与技术的存在至少已有数千年的历史了。"控制"这一概念本身就反映了人们对征服自然与外界的渴望，控制理论与技术也自然而然在人们征服自然与改造自然的历史中发展起来。

具有反馈控制原理的控制装置在古代就有了。这方面最有代表性的例子是古代的计时器"水钟"（在中国叫作"刻漏"，也叫"漏壶"），据古代锲形文字记载和从埃及古墓出土的实物可以看到，巴比伦和埃及在公元前 1500 年以前便对水钟有很长的使用历史了。约在公元前三世纪中叶，亚历山大里亚城的斯提西比乌斯（Ctesibius）首先在水壶中使用了浮子（phellossive tympanum）。按迪尔斯（Diels）本世纪初复原的样品，注入的水是由圆锥形的浮子节制的。而这种节制方式即已含有负反馈的思想了（尽管当时并不明确）。

中国有着灿烂的古代文明。中国古代的科学家们对水钟十分重视，并进行了长期的研究。据《周礼》记载，约在公元前 500 年，中国的军队中即已用漏壶作为计时的装置。约在公元 120 年，著名的科学家张衡（78—139 年，东汉）又提出了用补偿壶的巧妙方法，来解决随水头降低计时不准确的问题。在他的"漏水转浑天仪"中，不仅有浮子、漏箭，还有虹吸管和至少一个补偿壶。最有名的中国水钟"铜壶滴漏"由铜匠杜子盛和洗运行两人建造于公元 1316 年（元代延佑三年），并一直连续使用到 1900 年。现保存在广州市博物馆中，但仍能使用。

北宋时期，苏颂等于 1086—1090 年在开封建成"水运仪象台"。仪象台上的浑仪附有窥管，能够相当准确地跟踪天体的运行，"使它自动地保持在窥管的视场中"。这种仪象台的动力装置中就利用了"从定水位漏壶中流出的水，并由擒纵器（天关、天锁）加以控制"。苏颂把时钟机械和观测用浑仪结合起来，这比西方罗怕特·胡克的发明要早六个世纪。

公元 235 年（三国时期）的马均及公元 477 年的祖冲之等，还曾制造过具有开环控制特点的指南车,并发明了齿轮及差动齿轮机。

18 世纪,随着人们对动力的需求,各种动力装置也成为人们研究的重点。1750 年,安得鲁·米克尔(1719—1811 年)为风车引入了"扇尾"传动装置,使风车自动地面向来风。随后,威廉·丘比特对自动开合的百叶窗式翼板进行改进,使其能够自动地调整风车的转动速度。这种可调整的调节器在 1807 年取得专利权。在 18 世纪的风车中,还成功地使用了离心调速器。托马斯·米德(1787 年)和斯蒂芬·胡泊(1789 年)获得这种装置的专利权。

与风车技术并行,18 世纪也是蒸汽机取得突破发展的时期,并成为机械工程最瞩目的成就。托马斯·纽可门和约翰·卡利(又名考力)是史学界公认的蒸汽机之父。到 18 世纪中叶,已有好几百台纽可门式蒸汽机在英格兰北部和中部地区、康沃尔和其他国家被使用。但由于其工作效率太低,难以推广。1760—1800 年,詹姆新·瓦特对蒸汽机进行了彻底的改造,终于使其得到了广泛的应用。在瓦特的改良工作中,1788 年,他给蒸汽机添加了一种"节流"控制器即节流阀,它由一个离心"调节器"操纵,这类似于磨房操作工,早就使用的控制风力面粉机磨石松紧的装置。"调节器"或"飞球调节器"用于调节蒸汽流,以便确保引擎工作时速度大致均匀。这是当时反馈调节器最成功的应用。

瓦特是一位实干家,他没有对调节器进行理论分析,后来 J. C. Maxwell 从微分方程角度,讨论了调节器系统可能产生的不稳定现象,从而开始了对反馈控制动力学问题的理论研究。

2. 经典控制基本理论的发展简史

(1)稳定性理论的早期发展

Maxwell 在"论调节器"(Maxwell J. C. On governors. Proc. Royal Society of London, vol. 16:270—283, 1868)一文中,推导出了调节器的微分方程,并在平衡点附近进行线性化处理,指出稳定性取决于特征方程的根是否具有负的实部。麦氏在论文中对三阶微分方程描述的 Thomson's governor,Jenkin's governor 以及具有五阶微分方程的 Maxwell's governor 进行了研究,并给出了系统的稳定性条件。Maxwell 的工作,开创了控制理论研究的先河。

Maxwell 是一位天才的科学家,在许多方面都有极高的造诣。他同时还是物理学中电磁理论的创立人(SeeMaxwell's 'A dynamical theory of the electrmagnetic field' of 1864)。目前的研究表明,Maxwell 事实上在 1863 年 9 月,已基本完成了其有关稳定性方面的研究工作。

Maxwell 在他的论文中,还催促数学家们尽快地解决多项式的系数同多项式的根的关系问题。由于五次以上的多项式,没有直接的求根公式,这为判断高阶系统的稳定性带来了困难。

大约在 1875 年,Maxwell 担任了 Adams Prize 的评奖委员。1877 年的 Adams Prize 的主题是"运动的稳定性"。E. J. Routh 在这项竞赛中,以其根据多项式的系数决定多项式在右半平面的根的数目论文,夺得桂冠(Routh E. J. A Treatise on the Stability of Motion. London. U. K.:Macmillan. 1877)。Routh 的这一成果现在被称为劳斯判据。

大约 20 年之后,1895 年,瑞士数学家 A. Hurwitz 在不了解 Routh 工作的情况下,给出了根据多项式的系数决定多项式的根是否都具有负实部的另一种方法(Hu rwim A On the conditions under which an equation has only roots with negative real parts. Mathematische Anneten,vol. 46:273—284, 1895)。Hurwitz 的条件同 Routh 的条件在本质上是一致的。因此,这一稳定性判据现在也被称为 Routh—Hurwitz 稳定性判据,是现在自控理论课的必讲内容。

1892 年,俄罗斯伟大的数学力学家 A. M. Lyapunov(1857—1918 年)发表了具有深远历史意义的博士论文，"运动稳定性的一般问题"（The General Problem of the Stability of Motion，1892）。在这一论文中，他提出了当今学术界广为应用且影响巨大的李亚普诺夫方法，也即李亚普诺夫第二方法或李亚普诺夫直接方法。这一方法不仅可用于线性系统，而且可用于非线性时变系统的分析与设计。已成为当今自动控制理论课程讲授的主要内容之一。

李亚普诺夫在稳定性方面的研究，受到 Routh 和 Poincare 等工作的影响。Lyapunov 是一位天才的数学家，他曾从师于大数学家 P. L. Chebyshev（切比雪夫），他与 A. A. Markov（马尔可夫）是同校同学（李比马低两级），并同他们始终保持着良好的关系。他们共同在概率论方面做出过杰出的成绩。在概率论中，我们可以看到马尔可夫不等式、切比雪夫不等式和李亚普诺夫不等式。李还在相当一般的条件下证明了中心极限定理。和他的硕士论文一样，李亚普诺夫的博士论文被译成法文并在 Annales del'Universite de Toulouse（1907）上发表，1949 年 Princeton University Press 重印了 法文版。1992 年在李氏博士论文发表 100 周年之际，INT. j. CONTROL 以专集形式发表了李氏论文的英译版，以纪念李氏控制理论的卓越贡献。

（2）负反馈放大器及频域理论的建立

在控制系统稳定性的代数理论建立之后，1928—1945 年，以美国 AT&T 公司 Bell 实验室（Bell Labs）的科学家们为核心，又建立了控制系统分析与设计的频域方法。

1928 年 8 月 2 日，Harold Black（1898—1983），在前往 Manhattan 西街（West Street）的上班途中，在 Hudson 河的渡船 Lackawanna Ferry 上灵光一闪，发明了在当今控制理论中核心地位的负反馈放大器。由于手头没有合适的纸张，他将其发明记在了一份纽约时报（The New York Times）上，这份早报已成为一件珍贵的文物珍藏在 AT&T 的档案馆中。

当时的 Black 年仅 29 岁，他从 Worcester Poiytechnic Institute 获得电子工程学士后，刚刚 6 年就成为西部电子公司工程部（这个部，后来成为 1925 年成立的 Bell Labs 的核心）的工程师，从事电子管放大器的失真和不稳定问题的研究。Black 首先提出了基于误差补偿的前馈放大器，在此基础上，提出了负反馈放大器并对其进行了数学分析。同年 Black 就其发明向专利局提出了长达 52 页 126 项的专利申请，但直到九年之后，当 black 和他在 AT&T 的同事们开发出实用的负反馈放大器和负反馈理论之后，Black 才得到这项专利。

因为负反馈放大器的振荡问题，给实用化带来了难以克服的麻烦。为此，Harry Quist（1889—1976）和其他一些 AT&T 的通讯工程师介入了这一工作。Nyquist 1917 年在耶鲁大学（Yale）获物理学博士学位，有着极高的理论造诣。1932 年 Nyquist 发表了包含著名的"乃奎斯特判据（Nyquist Criterion）的论文，并在 1934 年加入了 Bell Labs，Black 关于负反馈放大器的论文发表在 1934 年，参考 了 Nyquist 的论文和他的稳定性判据。

这一时期，Bell 实验室的另一位理论专家，Hendrik Bode（1905—1982）也和一些数学家开始对负反馈放大器的设计问题进行研究。Bode 是一位应用数学家，1926 年在俄亥俄州立大学（Ohio State）获硕士，1935 年在哥伦比亚大学（Columbh Universky）获物理学博士学位。1945 年 Bode 创立了控制系统设计的频域方法"波德图"（Bode Plots）方法。

（3）根轨迹法的建立

在经典控制理论中，根轨迹法占有十分重要的地位。它同时域法、频域法可称是三分天下。W. R. Evans 在这里包打天下，他的两篇论文"Graphical Analysiss of Control System . AIEE Trans. Pan II, 67（1948），pp. 547 – 551." 和 Control System Synthesis by Root Locus Method，AIEE Trans . Part II，69（1950），pp.66—69 即已基本上建立起根轨迹法的完整理论。

Evans 所从事的是飞机导航和控制，其中涉及许多动态系统的稳定问题，因此他又回到 70 多年前 Maxwell 和 Routh 曾做过的特征方程的研究工作中。但 Evans 用系统参数变化时，特征方程根的变化轨迹来研究，开创了新的思维和研究方法。Evans 方法一提出立即受到人们的广泛重视。1954 年，钱学森在他的名著"工程控制论"中专门用两节介绍这一方法，并将其称为 Evans 方法。

负反馈、频域方法（乃奎斯特稳定判据、波德图）和根轨迹法构成了自动控制理论经典部分的主要内容。

（4）脉冲控制理论的建立与发展

随着计算机技术的诞生和发展，脉冲控制理论也迅速发展起来。在这方面首先做出重要贡献的是乃奎斯特和香农（Shannon）。乃奎斯特首先证明，把正弦信号从它的采样值复现出来，每周期至少必须进行两次采样。香农于 1949 年完全解决了这个问题，香农由此被称为信息论的创始人。

线性脉冲控制理论以线性差分方程为基础，线性差分方程理论在 20 世纪三四十年代中已逐步发展起来。随着拉氏变换在微分方程中的应用，在差分方程中也开始加以应用。利用连续系统拉氏变换同离散系统拉氏变换的对应关系，奥尔登伯格（R. C. Oidea – bourg）和萨托里厄斯（H. Sartorious）于 1944 年，崔普金（Tsypkln）于 1948 年分别提出了脉冲系统的稳定判据（即线性差分方程的所有特征根应位于单位圆内）。由于离散拉氏变换式是超越函数，又提出了用保角变换，将 Z 平面的单位圆内部转换到新的平面的左半面的方法，这样即可以使用 Routh – Hurwitz 判据，又可将连续系统分析的频域方法引入离散系统分析。

求得离散型频率特性后，乃氏稳定判据和其他一切研究线性系统的频率法都可应用，但由于 Bode 图的应用大受限制，频率法在离散系统研究中，也受到限制，库津（1961）曾试图用 Bode 图来表示离散型频率特性，但过于繁杂而无法应用。

在变换理论的研究方面，霍尔维兹（W. Hurewicz）于 1947 年迈出了第一步，他首先引进了一个变换，用于对离散序列的处理。在此基础上，崔普金于 1949 年，拉格兹尼和扎德（J. R. Ragazzinl& L A. Zadeh）于 1952 年分别提出了和定义了 Z 变换方法，这大大简化了运算步骤，并在此基础上发展起来了脉冲控制系统理论。

由于 Z 变换只能反应脉冲系统在采样点的运动规律，崔普金、巴克尔（R. H Barker）和朱利（E. I Jury）又分别于 1950 年、1951 年和 1956 年提出了广义 Z 变换或修正 Z 变换（modified Z – transform）的方法。对同一问题，林威尔（W. K Linvill）也于 1951 年用描述函数的方法对其进行了有效的研究，不过这一方法目前已较少使用。

回顾脉冲控制理论的发展，尽管俄国的崔普金及英国的巴克尔等都做出了不可磨灭的贡献，但建立脉冲理论的许多工作，都是由美国哥伦比亚大学的拉格兹尼和他的博士生们完成的，他们包括朱利（离散系统稳定的朱利判据，能观测性与能达性，分析与设计工具等），卡尔曼（离散状态方法，能控性与能观性等。是自控界第二位获 IEEE Model of Honor 者（1974）），扎德（（Z 变换定义等）是自控界第五位获 得 IEEE Model of Honor 者（1995））。20 世纪 50 年代末，脉冲系统的 Z 变换法已臻成熟，好几本教科书同时被出版。

（5）历史上的三本重要著作

在控制理论发展的历史中，有三部著作特别值得一提，即目前被作为信息论开端的香农的论文：Shannon C. E. Communication in Preseture of Noise, Proc IRE. 37. 10 – 21。控制论创立者维纳的经典论著：Wiermer. N . Cyberretics or Control and Ccrmnunication in the Annimal and the Machines. 1948。钱学森的"工程控制论 "Tsien H S. Engineering Cybernetics. 1954。

这三部著作对人类社会有着巨大的影响，产生了新型的综合性基础理论：控制论、信息论和工程控制论。

3.1.2 矿物加工过程自动控制系统分类

自动控制系统有多种分类方式，按系统结构的特点可分为反馈控制系统、前馈控制系统和复合控制系统。

(1)反馈控制系统　反馈控制是按被控量与给定值的偏差进行控制的。系统在干扰的作用下，其被控量偏离了给定值，并反馈到调节器的输入端，调节器按偏差进行控制，以克服干扰对被控量的影响，使其最终回到或接近给定值。因为系统由被控量的反馈而构成闭路，所以反馈控制系统也称闭环控制系统。它是自动控制系统中最基本的一种控制方式。

(2)前馈控制系统　前馈控制是按干扰因素来进行控制的。干扰因素是造成被控量偏离给定值的主要因素，也是经常变化的。由于不存在被控量反馈，所以前馈控制系统也称开环控制系统。前馈控制能依据干扰，根据数学模型，提前调整控制量，使被控量保持稳定，当干扰与被控量之间有很大滞后时尤为重要。

(3)复合控制系统　在一个自动控制系统中，对主要干扰因素采用前馈控制，对其他干扰所引起的被控量偏差仍用反馈控制来调节，这样的系统称复合控制系统。

其他分类方式虽然不同，但系统的基本性质没有多大差异，简述如下。

按给定信号的特点可分为：定值控制系统、随动系统、程序控制系统。在选矿过程中，大多数的工艺参数一般要求维待在某一定值上不变，这时在反馈控制系统中给定值基本不变，这样的反馈控制系统称定值控制系统；若定值控制系统中的给定值随时间任意变化，系统克服一切干扰，使被控变量尽可能随时都等于给定值，这样的系统称为随动系统；程序控制系统实质上是随动系统中的一种特殊类型，它的给定值是按时间程序或跟随某一参数的变化而变化。

按被控量的特点可分为：连续控制系统和顺序控制系统。被控量可以连续地被调整，或控制动作在时间上是离散的，但要求定量地控制被控量，都归入连续控制系统；若被控变量是开关量，按预先确定的时间顺序或根据一定逻辑关系所要求的顺序，逐次对被控量进行控制称为顺序控制系统。

按控制系统控制回路的数目可分为：单回路控制系统和多回路控制系统。

按控制功能可分为：均匀控制系统，选择控制系统，极值控制系统，比值控制系统等。

按被控量名称可分为：浓度控制系统，pH控制系统，液面控制系统，负荷控制系统等。

3.1.3 控制系统的品质指标

当控制系统改变给定值或受到干扰时，被控量偏离原来的稳定值，系统进行自动控制，经动态过程后达到工艺要求的新稳态值或回到原来的稳态值，此动态过程称为控制系统的过渡过程。任何自动控制系统都必须满足稳定、准确、快速的品质要求。

控制系统的性能指标常分为动态性能指标和稳态(静态)性能指标，动态性能指标又可分为跟随性能指标和抗扰性能指标。在自动控制原理中所讨论的系统动态性能指标，一般是指跟随性能指标。

1. 动态性能指标

（1）跟随性能指标

在给定信号 $x_0(t)$ 的作用下，系统输出 $C(t)$ 的变化情况可用跟随性能指标来描述。设图 3 - 1 所示为控制系统典型的阶跃响应曲线，据此定义常用的跟随性能指标如下。

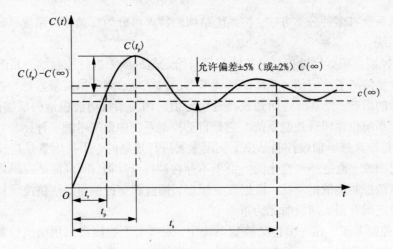

图 3 - 1 阶跃响应曲线与跟随性能指标

①上升时间 t_τ 系统输出响应从零开始第一次上升到稳态值所需的时间。t_τ 小，表明系统动态响应快。

②峰值时间 t_p 系统输出响应由零开始，第一次到达峰值所需的时间。

③超调量 σ 系统输出响应超出稳态值的最大偏离量占稳态值的百分比。

$$\sigma = \frac{C(t_p) - C(\infty)}{c(\infty)} \times 100\%$$

σ 小，说明系统动态响应比较平稳，相对稳定性好。

④调节时间 t_s 系统的输出响应达到并保持在稳态值的 ±5%（或 ±2%）误差范围内，即输出响应进入并保持在 ±5%（或 ±2%）误差带之内所需的时间 t_s 小，表示系统动态响应过程短，快速性好。

⑤震荡次数 N 在调节时间内，系统输出量在稳态值上下摆动的次数。次数少，表明系统稳定性好。

（2）抗扰性能指标

如果控制系统在稳态运行中受到扰动作用，经历一段动态过程后，又能达到新的稳态，则为系统在扰动作用之下的变化情况，可用抗扰性能指标来描述。图 3 - 2 为系统稳定运行中突加一个使输出量降低的负扰动之后的典型过渡过程，据此可定义抗扰性能指标。

①动态降落 ΔC_{max} 对稳态运行中的系统，突加一个给定的标准负扰动量，在过渡过程中出现的系统输出量的最大降落值。

②恢复时间 t_v 从阶跃扰动作用开始，到系统输出量基本恢复稳态，距新稳态值 $C_{\infty 2}$ 之差进入某基准值 C_b 的 ±5%（或 ±2%）范围内所需的时间。c_b 的值视具体情况而定。ΔC_{max}、

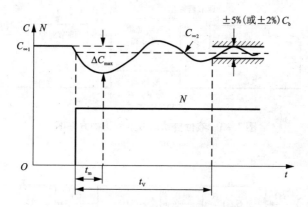

图 3 - 2　突加扰动的动态过程和抗扰性能指标

t_v 小，说明系统抗扰能力强。

2. 稳态性能指标

控制系统的稳态性能一般是指其稳态精度，常用稳态误差 $e(\infty)$ 来表示，如图 3 - 2 所示。

$$e(\infty) = C_{\infty 1} - C_{\infty 2}$$

其值越小，说明系统稳态精度高。

3.2　过程参数经典控制系统的组成结构

3.2.1　自动调节系统结构及各单元信号连接

自动调节系统的分类方法很多，我们以单回路控制系统、串级控制系统、前馈控制系统、比值控制系统、多冲量控制系统和均匀控制系统的结构框图来表明自动调节系统结构及各单元信号连接及传输方向。

1. 自动调节系统的方框图

在研究自动调节系统时，为了寻找普遍适用的分析方法，更清楚地表示出自动调节系统各组成单元之间的相互影响和信号联系。在不考虑原设备的大小和结构复杂程度的情况下，用一个形象化的方框来代表一个单元，并将若干个方框按连接的关系组成自动调节系统方框图。方框图用来表明系统结构和原理的则称为系统结构方框图，图 3 - 3 所示为液位自动调节系统结构方框图。方框图用来表明系统动态特性的则称为系统动态方框图，图 3 - 4 为液位自动调节系统动态方框图。

如图 3 - 3 中所示，一个简单的自动调节系统，是由对象和三个自动化仪表单元共同组成，每个方框表示组成系统的一个基本环节，方框之间用带箭头的线段连接，指向方框的线段表示输入信号，指离方框的线段表示输出信号。因此，这些线和箭头能科学地反映系统各单元相互间的信号传递关系。

图 3 - 4 表示的是液位自动调节系统各单元间的动态特性关系，一个方框表示一个单元，方框中的函数是该单元的传递函数。指向方框带箭头的线段表示输入信号的拉氏变换函数，

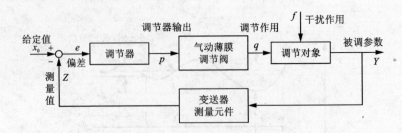

图 3 - 3　液位自动调节系统结构方框图

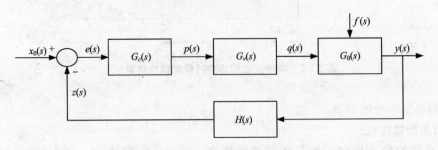

图 3 - 4　液位自动调节系统动态方框图

指离方框带箭头的线段表示输出信号的拉氏变换函数。

方框图是自动调节系统分析中一个有力的工具和重要的概念。因此，一个自动调节系统的结构框图直接或间接地表明了系统结构及各单元信号的连接。

关于方框图的详细内容，参见本章 3.3.2 项内容。

2. 矿物加工过程常用调节系统

（1）单回路控制系统

单回路控制系统是由传感器、调节器、执行器和被控对象等构成的单一反馈回路的控制系统，其结构框图如图 3 - 5 所示，动态框图如图 3 - 6 所示。单回路控制系统结构简单，能满足一般矿物加工生产过程的控制要求，应用广泛。

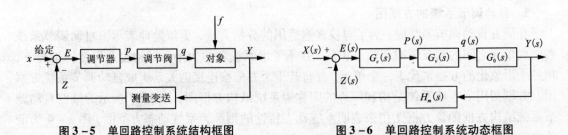

图 3 - 5　单回路控制系统结构框图　　　　图 3 - 6　单回路控制系统动态框图

（2）一般的串级控制系统

串级控制系统的结构可用图 3 - 7 所示的方框图表示。它由副回路Ⅱ和主回路Ⅰ串接组成。在串级控制系统中，主调节器有独立的给定值，副调节器的给定值由主调节器自动校正，副调节器的输出去推动执行器。要注意到，比值或均匀等控制系统也有类似的结构，但并非按串级控制的特点而设计。

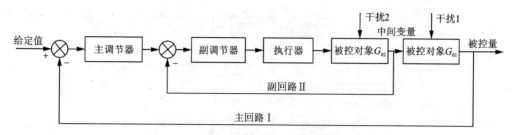

图 3 - 7　串级控制系统的结构框图

（3）前馈控制系统

反馈控制是按照被控量的偏差进行控制的，但是当对象的时间常数或纯滞后时间很大时，对象对干扰量很灵敏而对控制量的反应却很迟缓，将导致被控量的偏差过大和持续很长的时间，在干扰频率较高和幅值较大时，将使系统长期振荡而得不到稳定。而前馈控制实质上是一种按照干扰因素进行控制的开环控制方式，前馈控制措施可完全抵消被控量所受到的干扰影响。前馈控制规律取决于对象干扰通道和控制通道的动态特性。

在实际生产过程中，所应用的前馈控制规律可分为静态前馈和动态前馈两种基本类型。静态前馈控制规律，即前馈补偿装置的输出仅仅依赖其输入而与时间无关，如比值控制系统。而动态前馈控制规律，即前馈补偿装置的输出与输入之间存在着对时间的依赖关系。由于大多数高阶对象可以通过低阶逼近的近似方法，将其处理成一阶或二阶惯性环节与纯滞后环节的串联，已有足够的精度。故工程应用的前馈控制规律还是比较简单的，最常用的前馈动态补偿装置的传递函数为 $G_{FF}(S) = (T_1 S + 1)/(T_2 S + 1)$。

浮选药剂用量前馈控制系统的结构框图如图 3 - 8 所示。

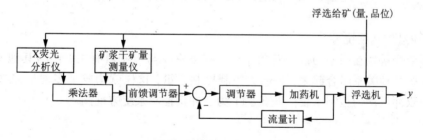

图 3 - 8　浮选药剂用量前馈控制系统的结构框图

（4）比值控制系统

在矿物加工工艺过程中，往往需要保持若干个变量间的一定比例关系，例如给矿量与给药量保持一定的比例（克/吨）关系。这种比例关系的控制就是比值控制，比值控制的精度对于提高产品质量、降低消耗等具有重要的意义。

比值控制系统的结构框图如图 3 - 9 所示。

（5）均匀控制系统

在连续生产过程中，前一设备的输出物料往往是后一设备的输入物料，为了保证生产的

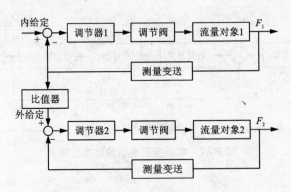

图 3-9　双闭环比值控制系统结构框图

正常运行，既要维持前一设备中一定的工艺参数，又要保证后一设备的进料流量变化不大，如浮选槽矿浆液面逐级控制。均匀控制就是保证前一设备在工艺允许波动不超过某个限值的条件下，尽量使其输出流量的变化平稳。

流量、液位均匀控制系统的结构框图如图 3-10 所示。

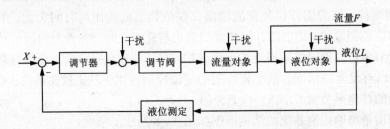

图 3-10　流量、液位均匀控制系统的结构框图

（6）多冲量控制系统

在有多个变量相互联系的被控对象中，被控量不仅与控制量有关，还与其他变量有关，将这些变量按某种关系组合起来，一起去控制控制变量，这样就构成了多冲量控制系统，如均匀控制中双冲量均匀控制系统。图 3-11 为三冲量控制系统方框图。

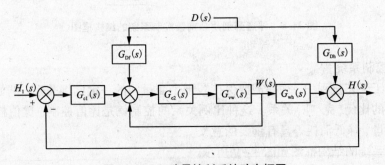

图 3-11　三冲量控制系统动态框图

3.2.2 自动控制系统各单元特性

一个简单的矿物加工过程自动控制系统,可简单地归类为由调节对象、传感器、调节器和执行器四大单元构成。系统是四个单元的组合集合体,如图 3-12 所示。整个系统的性能、调节质量直接与各单元的特性有关,以下分别介绍四个单元的主要特性。

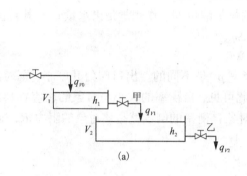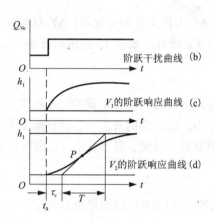

图 3-12 自衡对象及其动态特性

1. 调节对象的特性

1)调节对象的容量、自衡和滞后时间性质

(1)调节对象的容量特性

在自动调节过程中,对象物料(或能量等)的储备量变化与被调量的变化量之比值称为对象的容量系数,即

$$C = \frac{\Delta G}{\Delta Y}$$

式中:C 为容量系效;ΔG 为对象物料或能量的贮存变化量;ΔY 为对象被调量的变化量。

例如有两个容积相同、截面积不同,而出水口直径相同的容器,在输入水量的改变相同时,这两个容器内贮水量的变化 ΔW 是不同的,引起的水位变化 Δh 也是不同的。这是由于它们的截面积 S 不同而造成的,S 就是它们的容量系数。即

$$S = \frac{\Delta W}{\Delta h}$$

调节对象的容量系数反应了对象的惯性,它对调节过程有双重影响:C 愈大,说明调节对象的惯性愈大,调节作用的滞后愈大,使调节作用不及时。但它对干扰的反应灵敏度也小,对象抗干扰能力愈强。

(2)对象的自衡特性

在外来干扰作用下,对象的某物理量产生了偏差,如在不进行任何调节的情况下,该物理量能够达到新的平衡状态,则此对象称为自衡对象。该物理量不能自行达到平衡状态的对象称非自衡对象。

如图 3-12(a)所示的两个水箱,水箱 V_1 和 V_2 的输入是给水量 q_{t0} 和 q_{v1},输出的是水位

h_1 和 h_2，当 $q_{v0} > q_{v1}$ 和 $q_{v1} > q_{v2}$ 时，它们各槽的出水量都随水位的升高而增加，最后 h_1 和 h_2 都能自行达到平衡，所以这两个水箱是自衡对象。

自衡对象的自衡能力大小，常用自衡率 ρ 来描述。ρ 表示对象的被调量改变一个单位时，有关作用量改变的多少，即

$$\rho = \frac{\Delta F}{\Delta Y}$$

式中：ΔF 为作用量的变化量；ΔY 为被调量的变化量。

图 3 - 12 中，水箱 V_1 的进水量是 q_{v0}，被调量是液位 h_1，作用量是出水量 q_{v1}，其自衡率

$$\rho_1 = \frac{\Delta q_{v1}}{\Delta h_1}$$

在出水口阀门开度不同时，水箱 V_1 的自衡率 ρ_1 是不同的。出口阀门开度小，则对象的自衡率小。出口阀门开度大，则自衡率大。由此可见，自衡率的大小与对象的相应物料的流动阻力有关。显然，阻力愈小，自衡率愈大。对象自衡率的倒数就是该对象的阻力 R，即

$$R = \frac{1}{\rho}$$

自衡率愈大的对象，被调量也愈稳定。

自衡对象是稳定的对象，非自衡对象是不稳定的对象。在组成调节系统时，对稳定的对象来说，自动调节的任务在于减小或消除余差，以及缩短调节时间。而对于不稳定对象来说，自动调节的任务首先是把不稳定的特性变为稳定的特性，然后进一步满足静态准确度和动态品质的要求。

例如有一泵池，见图 3 - 13，输入是矿浆流量 Q，输出是泵池的液位高度 H。因泵的扬送量，不会随液位的变化而显著变化。因此，泵池的液位 H 不能自行达到平衡状态，而是越来越高，所以该泵池是非自衡对象。

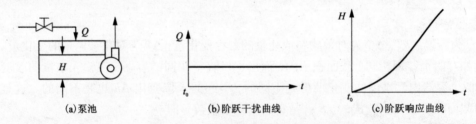

(a)泵池　　　　(b)阶跃干扰曲线　　　　(c)阶跃响应曲线

图 3 - 13　非自衡对象及其动态特性

(3)对象的滞后特性

调节对象的被调量变化与扰动作用之间总是有一定的时间延迟，这一时间差称作滞后时间，一般用 τ 表示。滞后时间可分为纯滞后时间和容量滞后时间。

①容量滞后时间　容量滞后是由于对象的容量特性而引起的被调量相对于调节变量（或干扰因素）的时间滞后。

图 3 - 12 是由两个容器 V_1 和 V_2 串联组成的双容对象，它的流入量是 q_{v0}，流出量是 q_{v2}，被调量是水池 V_2 的水位高度 h_2。在 t_0 时，突然改变输入量 q_{v0}，由于水箱 V_1 有一定的容量系数及有一定的阻力 R_1，所以水位 h_1 呈惯性上升，见图 3 - 12(c)。V_1 的流出量 q_{v1} 同时亦是 V_2

的流入量，由于 q_{v1} 惯性上升就使 V_2 水箱水位 h_2 的变化呈现滞后，即 h_2 随 q_{v1} 的逐渐增加而缓慢上升，其变化速度 $\dfrac{\mathrm{d}h_2}{\mathrm{d}t}$ 由小逐渐增大，直到 P 点。随着 h_2 继续上升，由于自衡的作用，使流出量 q_{v2} 也逐渐增大。因此水位 h_2 在 P 点以后的变化速度越来越慢。所以 h_2 的变化过程是一条接近 S 形的曲线，P 点就是 S 形曲线的拐点。比较(c)图和(d)图可知，双容对象的被调量 h_2 的变化，在时间上落后于扰动量 q_{v0} 的变化。这种滞后现象是由于对象的容量特性引起的，称做对象的容量滞后，容量滞后一般用 τ_c 表示。

一般两个以上容器对象相连接的时候才出现容量滞后。但并不是直观上只是一个容器的对象就没有容量滞后，只要具有两个以上容量性质的对象(例如体积容量、热容量、电容量等)都有容量滞后。

容量滞后对自动调节系统来说，具有两重性。在调节作用方面，容量滞后越小，调节作用反应得越及时。在抗干扰方面，容量滞后越大，抗干扰的能力就越强。

②纯滞后　纯滞后时间是由于信息或物料的传送过程需要时间而引起的，它表现在当干扰(或调节)作用发生后，并不会立即引起对象的输出发生变化，而是要经过一段时间间隔。例如在磨矿机给矿时，当给矿机改变给矿量后，要经过一段时间，磨矿机内矿量才改变，这段时间就是纯滞后时间，一般用 τ_0 表示。纯滞后时间在反应曲线上如图 3 – 14 所示。

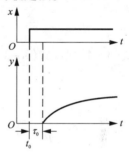

图 3 – 14　纯滞后特性示意图

一般纯滞后与容量滞后不容易区分，往往统称为滞后，用 τ 表示，即

$$\tau = \tau_0 + \tau_c$$

2)调节对象的静、动态特性

(1)调节对象的静态特性

对象的静态特性用对象的放大系数 K_0 表示，它是指在没有调节作用的情况下，对象受到干扰作用后，经过一定的时间又自行达到新的稳定状态时，被调量的变化与干扰作用量之间的比例关系。

例如，图 3 – 12 的水池 V_1，在输入水量突然变大后，经过一段时间，水位 h_1 会稳定在一个新值上，见图 3 – 12(c)。此时对象的静态放大系数 K_0 为

$$K_{10} = \frac{h_1(\infty) - h_1(0)}{\Delta q_{v0}}$$

式中：$h_1(\infty)$ 为液位新的稳态值；$h_1(0)$ 为液位原来的稳态值；Δq_{v0} 为阶跃干扰水量。

K_0 说明对象的输出变化受输入变化影响的程度。K_0 可能是常数，也可能是变数。

(2)调节对象的动态特性

对象的动态特性，是指对象受到外来干扰作用后，在无任何调节作用时被调量如何随时间变化，最终是否能达到稳定状态，以及达到新的稳定状态过程的快慢等特性。对象的动态特性通常可用微分方程、传递函数、阶跃响应曲线等来描述，它的特征参数是对象的时间常数。时间常数与对象的容量系数、自衡率和滞后时间等有关。

(3)对象容量系数、自衡率与对象静、动态特性的关系

下面通过一阶对象和二阶对象的微分方程推导和分析，来说明容量系数和自衡率对对象的时间常数和放大系数的影响。

①一阶对象的微分方程

以图 3-12 的水箱 V_1 为例，水箱内存水量的变化为

$$dG_1 = (q_{v0} - q_{v1})dt \qquad (3-1)$$

$$dh_1 = dG_1/S_1$$

式中：dh_1 为液面高度变化；S_1 为水箱的截面积。

根据容量系数的定义，S_1 正好是容量系数 C_1

$$dh_1 = dG_1/C_1 \qquad (3-2)$$

将式(3-1)代入式(3-2)，整理后得

$$dh_1/dt = (q_{v0} - q_{v1})/C_1 \qquad (3-3)$$

因为流出量 q_{v1} 与水位 h_1 成正比。比例系数就是自衡率 ρ_1，即

$$q_{v1} = \rho_1 h_1 \text{ 或 } q_{v1} = \frac{h_1}{R_1} \qquad (3-4)$$

将式(3-4)代入式(3-3)，得

$$\frac{C_1}{\rho_1} + \frac{dh_1}{dt} + h_1 = \frac{1}{\rho_1}q_{v0}$$

令 $T_0 = \dfrac{C_1}{\rho_1}$，$K_0 = \dfrac{1}{\rho_1}$，则

$$T_0 \frac{dh_1}{dt} + h_1 = K_0 q_{v0}$$

式中：T_0 为一阶对象的时间常数；K_0 为一阶对象的放大系数。此公式是水箱 V_1 的微分方程，它是一阶微分方程，所以水箱 V_1 称为一阶对象。从式中可看出一阶对象的时间常数 T_0 由对象容量系数与自衡率决定。而对象的放大系数 K_0 主要受对象的自衡率影响。换句话说，一阶对象微分方程的通式是

$$T_0 \frac{dy}{dt} + y = K_0 x \qquad (3-5)$$

一阶对象的微分方程的解是

$$y = (1 - e^{-t/T_0})K_0 x$$

式中：$K_0 x$ 表示对象受到 x 扰动后，对象的输出 y 最终将稳定在此值，即 $y(\infty) = K_0 x$。所以，有 $y = (1 - e^{-t/T_0})y(\infty)$，即当 $t = T_0$ 时，$y(T_0) = 0.632y(\infty)$。

②二阶对象的微分方程

图 3-12 中，两个串联的水箱，以 q_{v0} 为调节变量，h_2 为被调量时，是一个双容对象。下面推导双容对象的微分方程。

对水箱 V_1 和 V_2 可分别列出下列微分方程

$$C_1 \frac{dh_1}{dt} = q_{v0} - q_{v1} \qquad (3-6)$$

$$C_2 \frac{dh_2}{dt} = q_{v1} - q_{v2} \qquad (3-7)$$

将式(3-4)代入式(3-7)得

$$h_1 = R_1 q_{v2} + R_1 C_2 \frac{\mathrm{d}h_2}{\mathrm{d}t} \qquad\qquad (3-8)$$

将其微分得

$$\frac{\mathrm{d}h_1}{\mathrm{d}t} = R_1 \frac{\mathrm{d}q_{v2}}{\mathrm{d}t} + R_1 C_2 \frac{\mathrm{d}^2 h_2}{\mathrm{d}t^2} \qquad\qquad (3-9)$$

将式(3-7)、(3-9)代入式(3-6)得

$$C_1 R_1 \frac{\mathrm{d}q_{v2}}{\mathrm{d}t} + R_1 C_1 C_2 \frac{\mathrm{d}^2 h_2}{\mathrm{d}t^2} = q_{v0} - q_{v2} - C_2 \frac{\mathrm{d}h_2}{\mathrm{d}t}$$

将 $q_{v2} = \dfrac{h_2}{R_2}$ 代入上式,整理后得

$$C_1 C_2 R_1 R_2 \frac{\mathrm{d}^2 h_2}{\mathrm{d}t^2} + (C_1 R_1 + C_2 R_2) \frac{\mathrm{d}h_2}{\mathrm{d}t} + h_2 = R_2 q_{v0}$$

令 $T_1 = C_1 R_1$,$T_2 = C_2 R_2$,$K_0 = R_2$

则

$$T_1 T_2 \frac{\mathrm{d}^2 h_2}{\mathrm{d}t^2} + (T_1 + T_2) \frac{\mathrm{d}h_2}{\mathrm{d}t} + h_2 = K_0 q_{v0} \qquad\qquad (3-10)$$

式(3-10)是典型的二阶微分方程,这说明双容对象是一个二阶对象。与一阶对象相似,时间常数 T_1、T_2 由相应设备的容量系数和阻力决定,而放大系数 K_0 主要决定于水箱的阻力 R_2。

同理,多容对象也可用高阶微分方程描述。

从式(3-5)和(3-10)可看出,调节对象的动态特性由微分方程的阶次和时间常数 T_0(一阶对象),T_1、T_2(二阶对象)等表示。在输入阶跃变化时,时间常数大的自衡对象,自行达到新的稳定状态的时间较长;在同样的阶跃输入幅度时,时间常数小的对象反应速度要比时间常数大的对象快(见图3-15)。所以,时间常数是决定调节对象动态特性的一个重要的特性常数。

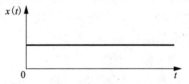

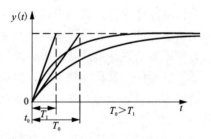

图3-15 时间常数与反应速度的关系

2. 传感器的特性

传感器的输出与输入关系特性,是传感器的基本特性。传感器基本特性通常有两种形式,一种是稳态(静态或准静态)形式,这种情况下的待测信号是不随时间变化或变化很小。另一种是动态(周期变化或瞬态变化)的形式,即待测信号是随时间变化的,输入的待测量状态不同,传感器的输入、输出特性也不相同,它和传感器的内部性能与参数有密切的关系。

一个优良的传感器必须具有良好的静态特性和动态特性,才能不失真地完成信号的检测与转换。传感器的特性详细内容参阅第二章的相关内容。这里主要对传感器的主要持性做一简单介绍。

1)传感器的物理含义

国家标准 GB 7665—87 对传感器下的定义是:"能感受规定的被测量并按照一定的规律转换成可用输出信号的器件或装置,通常由敏感元件和转换元件组成。",敏感元件指传感器

中能直接感受或响应被测量的部分，转换元件指传感器中能将敏感元件感受的或响应的被探测量转换成适宜传输或测量的信号部分。

显然，传感器的含义有广义和狭义之分，广义的传感器是指能感知某一物理量（化学量、生物量等）的信息，并能将该信息转化为有用（人们、或仪器可直接感知或显示）的信息装置。人的眼耳鼻舌身是一种广义的传感器，望远镜、显微镜、雷达是视觉的延伸；微音器、水听器是听觉的延伸；温度计是舌、身感觉器官的延伸；气敏传感器是鼻的延伸。然而，人们通常狭义地定义传感器为：能将各种非电量转换为电信号的部件。这是因为现代技术中电信号是最适于传输转换、处理和定量运算的物理量。特别是在电子计算机作为处理信号的基本工具的时代，人们总是力图把各种被测量通过传感器最终转换成电信号进行处理。

现代传感器的概念和内容与经典传感器相比，尽管有了较大的发展，但是将被测量按一定规律转换为可用信号，这一基本功能并未改变。过去的传感器往往是简单的敏感元件或变换元件，如一个热敏电阻、一只光电管，它们就能直接将被测量转换为电信号。随着现代科学技术的迅速发展，为了将某些复杂的被测量，如微形变、超微细颗粒、微量的气体成分、运动目标的三维坐标、动态温度等探测出来。若用单一的传感器将被测量转换成可用的或可定量测量的量就比较困难，而必须对信号经过一系列变换，将弱信号放大，消除各种噪声干扰才能得到有一定信噪比的可用信号。因此，现在我们将完成从获取被测信号到输出可用信号这一整个系统称为传感器。

2）传感器的组成与分类

传感器一般是由敏感元件、转换元件和其他辅助单元组成。有时也将信号调节与转换电路及辅助电源作为传感器的组成部分。

①敏感元件 直接感受被测量并输出与被测量成对应关系的其他物理量的器件，如隔膜式压力传感器的弹性膜片就是敏感元件。它的作用是将压力转换成膜片的变形。

②转换元件 又称变换器，一般情况下它不直接感受被测量，而是将敏感元件输出的物理量转换为电量输出的元件。如应变式压力传感器的应变片，它的作用是将弹性膜片的变形转换为电阻的变化。

这种划分并无严格的界限。如热电偶是直接感知温度变化的敏感元件，但它又直接将温度转换为电量，它同时又兼为转换元件。压阻式传感器就是将敏感元件压敏电阻与转换元件合为一体的传感器。许多光电转换器就是这种敏感、转换合为一体的传感器。

③信号调节与转换电路 一般是指能把转换元件输出的电量转换为便于显示、记录、处理和控制的有用电信号的电路。

对传感器的分类方法很多，可以从不同特点来分，有的传感器可以同时测量多种参数，而对同一物理量又可用多种不同类型的传感器来进行测量。因此同一传感器可分为多类型，有不同的名称。

按将外界输入信号变换为电信号时产生的效应分类，有物理传感器、化学传感器、生物传感器。

按输入量类型分类，有线位移、速度、加速度、角位移、角速度、力、力矩、压力、真空度、温度、电流、电压、射线、气体成分、浓度、粒度、矿量、元素品位、pH 值、灰分等传感器。

按传感器工作原理分类，有应变式、电容式、电阻式、电感式、压电式、热电式、光敏式、热释电式、光电式等传感器。

按输出信号分类，有模拟式传感器、数字式传感器。

传感器的命名可按分类方式进行，一般称 XX 式 XX 传感器。前面的 XX 表示变换元件的名称，如电阻式、压电式。也同时表明了变换原理的类型。后边的 XX 表示传感器的用途，即指出传感器所接收的被测量的种类，如压力、温度等。例如电容式液位传感器，压电式加速度传感器。经典传感器的命名比较规范，现代许多新型传感器的称呼就不很规范。人们从不同角度来称呼它。如多普勒测速仪是一类速度传感器，按使用波段常称超声波多普勒测速仪、激光多普勒测速仪及微波多普勒测速仪。

3）传感器的一般特性

（1）传感器的静态特性。

传感器静态特性的主要指标是线性度、灵敏度、迟滞和重复性。

①传感器的线性度特性

传感器的一般输出——输入关系可表示为非线性函数，如

$$y = f(x) = a_0 + a_1 x + a_2 x^2 + \cdots + a_n x^n$$

式中：y 为传感器输出信号；x 为传感器输入信号；a_0 为传感器零位输出；a_1 为传感器线性灵敏度；a_2、a_3、$\cdots$、a_n 待定常数。

A. 理想的线性特性

当上式中 $a_0 = a_2 = a_3 = \cdots = a_n = 0$ 时，则

$$y = a_1 x$$

这时传感器输出与输入呈理想的直线关系，传感器的灵敏度为

$$s_0 = a_1 = \frac{y}{x} = 常数$$

其特性曲线见图 3 - 16(a) 所示。

B. 仅有偶次非线性项

$$y = a_2 x^2 + a_4 x^4 + \cdots$$

其特性曲线见图 3 - 16(b) 所示。因为它没有对称性。所以其线性范围较窄，一般传感器较少采用这种特性。

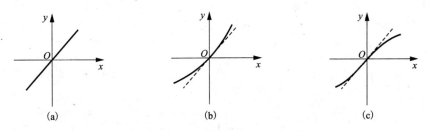

图 3 - 16　传感器的静态特性

(a)线性特性；(b)仅有偶次非线性特性；(c)仅有奇次非线性特性

C. 仅有奇次非线性项

输出输入特性方程为

$$y = a_1 x + a_3 x^3 + a_5 x^5 + \cdots$$

特性曲线如图 3 – 16(c)所示,在输入量相当大的范围内有较宽的准线性,且有对称性。如差动传感器就是用电气元件对称排列,消除电气元件的偶次分量,使线性得到改善,同时也使灵敏度提高一倍。

在使用非线性传感器时,如果非线性项方次不高,在输入量变化范围不大的条件下,可用一条直线近似地代表实际的非线性特性。常用的方法有端点直线法、最小二乘法的直线拟合方法等。

②传感器的灵敏度特性　灵敏度是指传感器在静态工作情况下,输出变化对输入变化的比值。用 S_0 表示,即特性曲线在某处的斜率。

$$s_0 = \mathrm{d}y / \mathrm{d}x$$

③传感器的迟滞特性　迟滞(或称迟环)特性是指传感器在正(输入量增大)反(输入量减小)行程期间,输出输入特性曲线不重合的程度,如图 3 – 17 所示。这反映了传感器内部由于机械、材料特性而引起的问题。迟滞大小通常由实验决定,用整个测量范围内的最大迟滞值 E_{max} 与理论满量程输出 $y_{P \cdot S}$ 的百分比表示。

$$e_t = \pm \frac{E_{max}}{y_{P \cdot S}} \times 100\%$$

④传感器的重复性特性　重复性表示传感器的输入量按同一方向作全量程多次测试时,所得特性曲线的不一致性。如图 3 – 18 所示,不重复性指标一般采用输出最大不重复误差 Δ_{max} 与满量程输出 $y_{P \cdot S}$ 的百分比表示。

$$e_x = \pm \frac{\Delta_{max}}{2 y_{P \cdot S}} \times 100\%$$

式中:$y_{P \cdot S} = |y_H - y_L|$,即检测上限标称值与下线标称值之差。

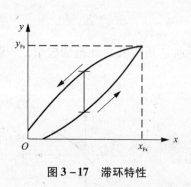

图 3 – 17　滞环特性

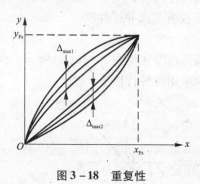

图 3 – 18　重复性

不重复性误差属随机误差,按标准偏差来计算重复性指标更合适。即

$$e_2 = \pm \frac{(2 \sim 3)\sigma}{y_{P \cdot S}} \times 100\%$$

标准偏差服从正态分布,可以根据贝塞尔公式计算

$$\sigma = \sqrt{\frac{\sum_{i=1}^{n} (y_i - \bar{y})^2}{n-1}}$$

式中：σ 为标准误差；y_i 为测量值；$\bar{y}$ 为测量值的算术平均值；n 为测量次数。

⑤传感器的阀值和分辨率特性　当输入量变小到某一值时，即观察不到输出量变化时，这时的输入量作为传感器的阀值。分辨率指的是可观察到的输出量变化的最小输入量。阀值和分辨率概念的差异在于分辨率说明传感器的最小可测出的输入变量，而阀值则说明了传感器的最小可测出的输入量。一般说来，阀值大的传感器，其迟滞必然大，但分辨率不一定差。

（2）传感器的动态特性

一个传感器静态特性很好，但当输入量随时间变化时，输出量不能紧跟着随输入量变化而变化，产生很大的动态误差，这就是传感器的动态特性问题。传感器动态特性是指传感器对其输入量的响应特性。如将温度计插入待测液体中时，不能立即显示液体的温度值，而是要经过一段时间后才能正确显示液体的温度，即有一个响应时间的问题。

在实际测量中，大量的被测量是随时间变化的动态信号，这就要求传感器的输出不仅能精确地反映被测量的大小，还要正确地再现被测量随时间变化的规律。传感器的动态特性，就是指在测量动态信号时传感器的输出反映被测量的大小和随时间变化的能力，动态特性差的传感器在测量过程中，将会产生较大的动态误差。

传感器的动态特性通常用传感器的微分方程、传递函数、频率响应函数和脉冲响应函数等来描述。这里不加以叙述。

3. 调节器的特性

调节器的特性就是调节器的调节规律及性能。调节器的调节规律，是指调节器的输入和输出之间的关系。调节器的输入信号是给定值 $x_0(t)$ 与测量值 $y(t)$ 之差，即偏差 $e(t)$。

$$e(t) = x_0(t) - y(t)$$

调节器的输出信号是指送到执行机构的控制命令 $p(t)$。调节器的输出信号 $p(t)$ 随输入信号 $e(t)$ 变化的规律，称为调节器的调节规律。调节器的基本调节规律有比例、积分和微分等几种。工业上所用的调节规律是其基本规律之间不同的组合。此外，还有一种具有继电控制特性的位置式控制规律，由于采用这种控制规律所组成的控制系统的品质指标较差，而且不属于线性控制系统的范畴，因此不作介绍。

（1）比例调节规律

具有比例调节规律的调节器，称为比例调节器。其输出信号 $p(t)$ 与输入信号 $e(t)$ 的关系，可用数学表达式表示：

$$p(t) = p_0(t) + K_c e(t)$$

式中：$P_0(t)$ 为稳定工作状态时的调节器输出；K_c 为调节器的比例增益。

则

$$\Delta p(t) = p(t) - p_0(t)$$

$$\Delta p(t) = K_c e(t)$$

因此，调节器的输出变化量与输入偏差成比例关系，在时间上没有延滞。其开环输出特性如图 3 − 19 所示。

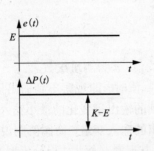

图 3-19　比例调节器的开环特性

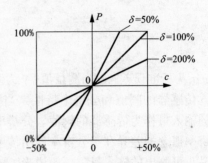

图 3-20　比例度与输入、输出的关系

比例放大倍数 K_c 是调节器的输出变量 $\Delta p(t)$ 与输入偏差 $e(t)$ 之比。K_c 越大，在相同输入情况下，输出也越大。因此，K_c 是衡量比例作用强弱的参数。

工业生产中所用的比例调节器，一般都用比例度 δ 来表示比例作用的强弱。比例度为

$$\delta = \frac{\Delta e / (z_{\max} - z_{\min})}{\Delta p / (p_{\max} - p_{\min})} \times 100\%$$

式中：Δe 为调节器输入信号变化量，即偏差信号；Δp 为调节器输出信号的变化量，即控制信号。

$(z_{\max} - z_{\min})$ 为调节器输入信号的变化范围，即量程。

$(p_{\max} - p_{\min})$ 为调节器输出信号的变化范围。

也就是说，调节器的比例度 δ 可理解为：要使输出信号作全范围的变化，输入信号必须改变全量程的百分数，即输入与输出的比例范围。从图 3-20 所示的比例调节器比例度与输入输出关系中可以看出，在 $\delta < 100\%$ 的情况下，调节器输出与输入的变化只在某一范围内成比例关系。例如 $\delta = 50\%$ 时，只在偏差 Δe 为 $-25\% \sim 25\%$ 的区域内，Δp 与 Δe 成比例关系，δ 就是能实现比例的输入范围。

如果我们将比例度的数学表达式改写为

$$\delta = (\frac{p_{\max} - p_{\min}}{z_{\max} - z_{\min}}) \times \frac{\Delta e}{\Delta p} \times 100\%$$

并且令 $K = (p_{\max} - p_{\min}) / (z_{\max} - z_{\min})$，则得

$$\delta = K \times \frac{\Delta e}{\Delta p} \times 100\% = \frac{K}{K_c} \times 100\%$$

对某一基地式调节器而言，其输入与输出的变化范围均恒定不变，即 K 为常数，因而调节器的比例度 δ 与比例增益 K_c 互成反比关系。

因此，调节器的比例度越小，调节器的比例放大倍数 K_c 越大，比例调节作用就越强。反之，δ 越大，则 K_c 越小，比例调节作用也就越弱。

在基本控制规律中，比例作用是最基本、最主要、应用最普遍的调节规律。它能够比较迅速地克服干扰的影响，使系统很快地稳定下来。比例调节观律通常适用于扰动幅度较小、负荷变化不大、过程的滞后较小或者控制要求不高的场合。

（2）比例积分调节规律（PI 规律）

①积分调节规律

具有积分调节规律的调节器，称为积分调节器。其输出信号 Δp 与输入信号 e 之间的关

系可用数学表达式表示为

$$\Delta p(t) = \frac{1}{T_i} \int e(t)\,\mathrm{d}t$$

式中：T_i 为积分调节器的积分时间。

积分调节器，其输出信号的大小不仅与偏差信号的大小有关，而且还将取决于偏差存在时间的长短。只要有偏差存在，调节器的输出也就不断变化，直到调节器的输出达到限幅值为止。因此，能消除余差是积分调节作用的重要特性。在幅度为 A 的阶跃偏差作用下，积分调节器的开环输出特性如图 3-21 所示。

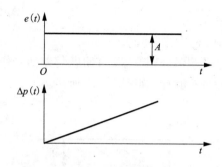

图 3-21　积分调节器的开环输出特性

由此得到

$$\Delta p(t) = \frac{1}{T_i} \int e(t)\,\mathrm{d}t = \frac{A}{T_i}$$

这是一条斜率不变的直线，直到调节器的输出达到最大值或最小值而无法再积分为止，输出直线的斜率即输出的变化速度正比于调节器的积分时间的倒数，即

$$\frac{\mathrm{d}p}{\mathrm{d}t} = \frac{A}{T_i}$$

因为积分调节器的控制作用总是滞后于偏差的存在，不能及时有效地克服干扰的影响，难以使控制系统稳定下来。因此，积分调节器在生产上很少单独使用，生产上都是将比例作用和积分作用组合成比例积分调节器来使用。

②比例积分调节规律

比例积分调节规律的数学表达式为

$$\Delta p(t) = K_c \left[e(t) + \frac{1}{T_i} \int e(t)\,\mathrm{d}t \right]$$

在阶跃偏差作用下，比例积分调节器的开环输出特性如图 3-22 所示。当偏差的阶跃幅度为 A 时，比例输出立即跳变至 $K_c A$，然后积分输出随时间线性增长，其输出是一根截距为 $K_c A$，斜率为 $\frac{K_c}{T_i} A$ 的直线，在 K_c 和 A 确定的情况下，直线的斜率将取决于积分时间 T_i 的大小。T_i 越大，直线越平坦，说明积分作用越弱。反之 T_i 越小，则调节器的输出越大。特别是当 T_i 趋于无穷大时，则该调节器实际上已成为一纯比例调节器了。因而，T_i 是描述积分作用强弱的一个物理量。T_i 的定义是，在阶跃偏差作用下，调节器的输出达到比例输出两倍时所经过的时间，就是积分时间 T_i。

一个比例积分调节器，可看作是粗调的比例作用与细调的积分作用的组合。如果比例调节器的输出增量与偏差信号相对应。则比例积分调节器可理解为比例度不断缩小，即比例放大倍数不断增大的比例调节器。从理论上讲，当 t 趋于无穷大时，调节器的放大倍数也将趋于无穷大，因此它能最终消除控制系统的余差。

一旦系统的余差消除，即调节器的输入偏差为零，调节器的输出将稳定在此时的数值上。因此，具有比例积分调节器所构成的调节系统，称为无差调节系统。

（3）比例微分调节规律（PD 规律）

①微分调节规律

理想的微分调节规律,其输出信号 Δp 正比于输入信号 $e(t)$ 对时间的导数,比例系数用 T_D 表示,则理想微分调节规律可表示为

$$\Delta p(t) = T_D \frac{\mathrm{d}e(t)}{\mathrm{d}t}$$

式中: T_D 为微分时间。

理想微分调节器,在阶跃偏差信号作用下,其开环输出特性是一个幅度无穷大、脉宽趋于零的窄脉冲,如图 3 – 23 所示。

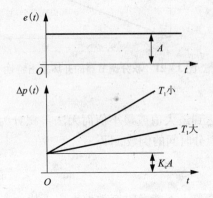

图 3 – 22   比例积分调节器的开环输出特性

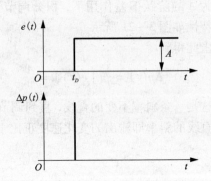

图 3 – 23   理想微分调节器的开环特性

由图可见,微分调节器的输出只与偏差的变化速度有关,而与偏差的大小无关,即偏差值在稳态时,不论其数值多大,微分作用都无输出。它常与比例调节规律组成比例微分调节规律。

②比例微分调节规律

理想的比例微分调节规律的数学表达式为

$$\Delta p(t) = K_c \left[e(t) + T_D \frac{\mathrm{d}e(t)}{\mathrm{d}t} \right]$$

理想的微分器和比例微分器在制造上是困难的,这里介绍具有实际微分调节规律的调节器,其调节规律的数学表达式为

$$\frac{T_D}{K_D} \frac{\mathrm{d}\Delta p(t)}{\mathrm{d}t} + \Delta p(t) = K_c \left[e(t) + T_D \frac{\mathrm{d}e(t)}{\mathrm{d}t} \right]$$

式中: K_D 为微分放大倍数或微分增益。

微分增益 K_D 是固定不变的,只与调节器的类型有关,如膜片式气动微分器 $K_D = 6$,电动 II 型调节器 $K_D = 5$,电动 III 型调节器 $K_D = 10$ 等。另有一类 $K_D < 1$ 的微分调节单元称为反微分器,膜片式反微分器的 $K_D = 1/6$。

若 K_D 较大, $\frac{T_D}{K_D}$ 比值较小,作近似处理,则可简化为

$$\Delta p(t) = K_c \left[e(t) + T_D \frac{\mathrm{d}e(t)}{\mathrm{d}t} \right]$$

62 ◀

上式是理想比例微分调节器的调节规律数学表达式。

在幅度为 A 的阶跃偏差信号输入时，实际微分器的输出为

$$\Delta p(t) = A + A(K_D - 1)e^{-\frac{t}{T_D/K_D}}$$

当 $t = 0$ 时，

$$\Delta p(t) = A + A(K_D - 1) = K_D A$$

当 $t = \infty$ 时，

$$\Delta p(t) = A$$

当 $t = T_D/K_D$ 时，

$$\Delta p(t) = A + 0.368A(K_D - 1)$$

它的开环输出特性，见图 3-24 所示。

从实际使用情况来看，比例微分调节器用得较少。在生产上用得较多的是比例、积分和微分三种规律结合起来的所谓三作用规律调节器，即比例积分微分调节器，习惯上称为 PID 调节器。

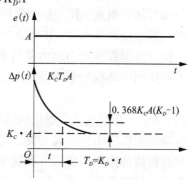

图 3-24　实际微分器的开环特性

（4）比例积分微分调节视律

理想的三作用调节器的调节规律数学表达式为

$$\Delta p(t) = K_c \left[e(t) + \frac{1}{T_i} \int e(t)\,dt + T_D \frac{de(t)}{dt} \right]$$

在幅度为 A 的阶跃偏差作用下，实际三作用调节器的输出信号可看作是比例输出、积分和微分输出的叠加，即

$$\Delta p(t) = K_c A \left[1 + \frac{t}{T_i}(K_D - 1)e^{-\frac{t}{T_D/K_D}} \right]$$

其特性曲线见图 3-25 所示。

调节器的选用可遵循这样的原则：

①对于被调量允许在一定范围内上下波动，但不允许超出其上下限的情况，可采用双位调节器。

②对于对象的调节通道滞后较小、负荷变化不显著，系统反应速度慢，工艺要求不高的调节系统，可选用比例调节器。

③在对象的调节通道滞后较小、负荷变化不很大，又要求没有余差时，调节系统可采用比例、积分调节器。在对象容量滞后、纯滞后都较大时，要避免采用比例、积分调节器。

④在容量滞后较大，负荷变化较小，反应速度较慢时，可选用比例、微分调节器。当被调量作周期变化或经常有周期性干扰时，调节系统不宜采用微分调节作用。而对滞后很小、干扰作用频繁的系统，则应尽可能避免使用微分作用。

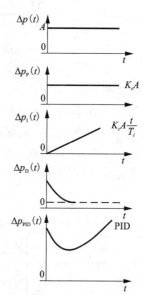

图 3-25　PID 调节器的开环特性

⑤当调节质量要求高时，可采用比例、积分、微分三作用调节规律。当对象滞后较大，负荷变化较大时，一般 PID 调节都能适应，但滞后和负荷变化太大就不行了。

对于对象滞后太大、负荷变化很大的调节系统，采用 PID 调节规律也不能获得满意的调节效果，在这种情况需要更复杂的调节系统。

4．执行器的特性

执行器的作用是根据调节器发出的指令来改变控制变量，以完成对被调量的控制。执行器主要由两部分组成，其一是伺服机构部分，它能把调节器的输出信号转变为具有足够功率的动能。其二是调节部件，具体实现对控制变量的改变，常用阀门、泵、变速器等作为调节部件。执行器根据所使用动力源的不同又分为电动、气动、液动、自力式等执行器。目前选矿厂大都使用电动执行器为主，但在煤矿、具有易燃易爆、粉尘和气体等场合不能使用或慎用。

（1）DDZ–Ⅱ型电动伺服机构的结构原理

电动伺服机构由伺服放大器、伺服电机、位置发送器及减速器等组成，如图 3–26 所示。电动伺服机构的作用是将调节器送来的调节作用信号，经放大器放大后操纵伺服电机转动，伺服电机与减速器相连接，经减速后带动调节部件动作去改变调节变量。与此同时，伺服机构又将调节动作完成的位置，通过位置发送器反馈到放大器，与调节作用信号作比较，一直到调节动作与输入的调节作用信号一致时，电机停止转动，调节部件停止动作，调节作用完成。

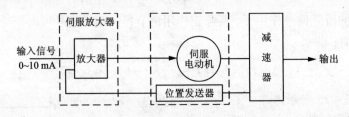

图 3–26　电动伺服机构结构示意图

（1）伺服放大器

伺服放大器由前置放大器和可控硅驱动电路两部分组成，如图 3–27 所示。前置放大器是一个增益很高的放大器，根据输入信号与位置发送器的反馈信号相加产生的偏差值的性质（正、负和零），在 A、B 两点产生三位式的输出电压，来控制两个可控硅触发电路中的一个工作，另一个截止。这样就形成一个交流继电器式的控制系统。

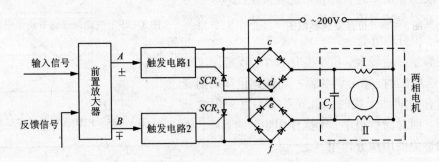

图 3–27　伺服放大器原理示意图

其工作原理为：

当偏差值 > 0 时，前置放大器输出 $A > 0$、$B < 0$，触发器1有输出、触发器2无输出，SCR_1 导通，SCR_2 不导通，桥式整流器的 c、d 两端导通，此时 220 V 的交流电压加到电机绕组 Ⅰ 和经剖相电容 C_f 加到绕组 Ⅱ 上，这样绕组 Ⅱ 中的电流相位比绕组 Ⅰ 超前，形成旋转磁场，使电机朝某个方向转动。

当偏差值 < 0 时，前置放大器输出 $A < 0$、$B > 0$，触发器1无输出、触发器2有输出，SCR_1 不导通，SCR_2 导通，桥式整流器的 e、f 两端导通，此时 220 V 的交流电压加到电机绕组 Ⅱ 和经剖相电容 C_f 加到绕组 Ⅰ。使绕组 Ⅰ 中的电流相位比绕组 Ⅱ 超前，电机则向上述的相反方向转动。

当偏差值 = 0 时，前置放大器输出 $A = B = 0$，触发器1和触发器2均无输出，两个可控硅 SCR_1 和 SCR_2 都不导通，220 V 的交流电加不到伺服电机绕组中去，电机停止不转。

（2）位置发送器

位置发送器的作用是将减速器输出轴的控制动作反馈到前置放大器中去。它的核心是一个差动变压器，如图 3-28 所示。差动变压器的副边有两个完全对称的绕组，其感应输出电势反向串联。在差动变压器的中心孔内有一个铁芯，受减速器输出轴上的凸轮带动。当铁芯随凸轮的转动而偏离中心位置时，差动变压器就有输出，输出电流的大小由铁芯的位置决定，也就是输出电流的大小是铁芯的位置的函数。图中的凸轮与减速器输出轴相连，换句话说，输出电流即代表了减速器输出轴控制动作的位置。

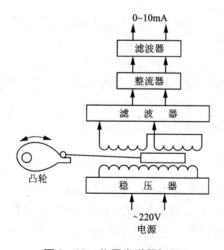

图 3-28 位置发送器框图

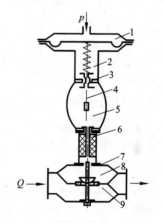

图 3-29 气动薄膜调节阀示意图

1—薄膜；2—弹簧；3—调节螺丝；4—推杆；
5—阀杆；6—填料；7—阀体；8—阀芯；9—阀座

2）气动伺服机构

工业中使用较多的气动伺服机构主要有薄膜式和活塞式两类。

薄膜式伺服机构的原理是，使用弹性膜片，将输入标准气压信号转变为对阀杆的推力来驱动调节部件动作。这种伺服机构简单，但它的控制行程一般比较短，一般标准压力信号为 20~100 kPa 气压。图 3-29 是气动薄膜调节阀示意图，它由上、下两部分组成，上半部是产生推力的薄膜式伺服机构，下半部是调节部件——阀门。薄膜式伺服机构由弹性膜 1、压缩弹簧 2 和推杆 4 等组成。当标准气压信号 P 进入薄膜气室时，在膜片 1 上产生向下的推力，此推力克服弹簧 2 的作用力，使推杆 4 产生向下位移（此位移用来调小调节阀的阀芯开度），推杆的位移与输入气压大小成正比例关系。调节螺丝 3 是用来改变弹簧 2 的起始压紧力的，即用来调整伺服机构的工作零点。

活塞式伺服机构，汽缸的工作压力可高达 4.9×10^2 kPa，具有强大的输出推力，其行程范围可根据需要来确定，不受限制。这种伺服机构，适用于要求较大工作推力或较大行程的调节部件使用。

3）调节部件的特性

调节阀是矿物加工中最常用的调节部件之一。调节阀主要用来调节水量、药剂量、矿浆量、浮选机和跳汰机充气量等。调节阀结构示意图如图 3-30 所示，阀门主要由阀体、阀芯和阀座等组成。

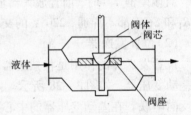

图 3-30　调节阀结构示意图

阀芯在阀体内上下移动以改变阀芯与阀座间的流通面积，用来改变流体的流量。调节阀用于不同的工作对象和在不同的负荷时，有各种不同的结构和特性。但从自动控制角度看，一个阀门的最重要的特性是流量特性。

（1）阀门的流量特性

阀门的流量特性是指调节阀阀芯的相对位移与流体流量的相对变化之间的关系，即

$$\frac{Q}{Q_{max}} = f(\frac{l}{L})$$

式中：Q 为阀开度 l 时的流量；Q_{max} 为阀全开时（开度为 L）的流量；l 为阀门的开度；L 为阀门全开时的开度。

流量特性对整个自动调节系统的调节品质有很大影响，必须充分注意。

2（）阀门的理想流量特性

流体通过调节阀时，流量变化与阀的开度和阀前、阀后的流体压力差有关。在实际工作中，随着阀的开度变化，阀前、阀后的流体压力差也跟着变化，且与流体的性质和管路特点有关。为了便于研究阀的流量特性，通常将阀前、阀后的流体压力差假设为常数，这样得到的流量特性称为理想流量特性。因此，阀的理想流量特性，完全取决于阀芯的形状。不同的阀芯曲面可得到不同的理想流量特性。

目前常用的调节阀中，有三种典型的固有流量特性：直线特性，等百分比特性和快开特性。

①直线特性阀　这种阀的流量相对变化与阀芯的相对位移成直线关系

$$\frac{d(Q/Q_{max})}{d(l/L)} = C$$

式中：C 为常数。

在直线阀中，阀芯单位开度的变化所引起的相对流量变化始终是相等的，见图 3-31 中直线 1。

66

②等百分比特性阀　阀芯相对位移与流量相对变化的对数成比例关系。这种阀的阀芯单位位移所引起的流量变化与该点原有流量成正比，即引起流量变化的百分比相等。它的关系式为

$$\frac{d(Q/Q_{max})}{d(l/L)} = C \times (Q/Q_{max})$$

它的特点是，对于不同的阀门开度，阀芯单位位移所引起的流量变化不同。这种阀的放大系数是个变量，它的流量特性见图3-31中曲线2。

③快开特性阀　这种阀在开度较小时，流量变化比较大。随着开度增大，流量很快达到最大值。它的关系式为

$$\frac{Q}{Q_{max}} = 1 - (1 - \frac{Q_{min}}{Q_{max}})(1 - \frac{l}{L})$$

式中：Q_{min}为阀全关时的流量。

其特性曲线见图3-31中曲线3。

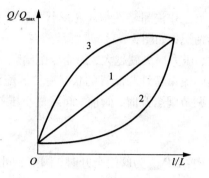

图3-31　调节阀的流量特性曲线

（3）阀芯结构与流量特性的关系

①直线特性阀　直线特性阀的阀芯较瘦尖，略呈等腰形，见图3-32（a）。这种阀芯在全量程的任何位置作等距离位移时，所引起的阀芯与阀座间环形流通面积的改变是相等的，因此在等压力差时的流量特性是线性的。

②等百分比特性阀（对数特性阀）　等百分比特性阀的阀芯较线性阀的阀芯胖。从阀芯的正投影看，靠根部较陡，见图3-32（b）。这样在开度小时，阀芯单位位移所引起的流通面积改变较小。而在靠近阀芯顶端时，每移动单位阀芯所引起的流通面积改变较大。

③快开特性阀　快开特性阀的阀芯是平板形的，如图3-32（c）所示。它在开度小时，阀芯少量位移就使流通面积急剧增加。当阀芯移动超过阀芯全量程1/3时，流量几乎已达到最大，再继续增大开度时，流量变化不大。

(a)线性阀　　　　(b)对数阀　　　　(c)快开阀

图3-32　调节阀的阀芯形状

（4）阀门的工作流量特性

阀门的理想流量特性是假设在阀芯开度不同时，阀前阀后的压力差是不变的。但在实际使用中，调节阀的阀前、阀后压差是随流体的流速、阻力和阀芯的开度的变化而变化的，且与流体的性质和管路特点有关。阀门实际的流量特性称为阀门的工作流量特性。

工作流量特性与阀芯形状及配管有关,配管是指在阀前、阀后管路上串联的管道和设备的情况,如图3-33(a)所示。在一个管路系统中,由于流体的流动会产生压力损失。流速越大,压力损失就越大,因而分配给调节阀的压力降就愈小,如图3-33(b)。因此,调节阀的实际流量特性与配管的状况有关。配管对流量特性的影响,用管道阻力状况参数 S 表示。S 是调节阀全开时,阀前、阀后最小压差 $\Delta P_{T\min}$ 占整个管路总压差的百分数。

$$S = \frac{\Delta P_{T\min}}{P_0} \times 100\%$$

式中:$\Delta P_{T\min}$ 为阀门全开时,阀前、阀后的流体压差;P_0 为整个管路总压差。

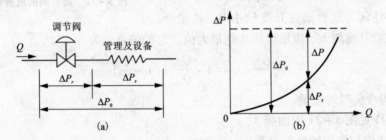

图3-33 调节阀与管道及设备串联的关系

图3-33 中 ΔP_s 是整个管路除调节阀外的配管的压差,阀门的工作流量特性与管道阻力状况参数 S 的关系如图3-34所示。

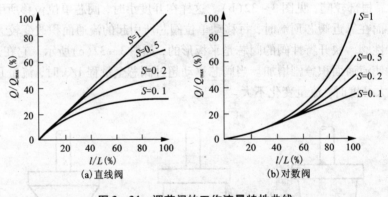

图3-34 调节阀的工作流量特性曲线

从图3-34可知,在 $S=1$ 时,管路中配管的压降为零,调节阀前后的压差等于整个管路的总压差,阀门的工作流量特性近似于它的理想流量特性;在 $S<1$ 时,由于配管阻力的影响,流量特性产生两个变化:一个是调节阀全开时的流量比起 $S=1$ 时的流量减小了,也就是调节阀的可调范围变小了。另一个是工作流量特性发生变化,随着 S 值的变化,由直线特性阀变成快开特性阀了,如图3-34(a)所示。同理,对于对数特性阀,由于配管的影响,其流量特性变成了线性流量特性,如图3-34(b)所示。

3.2.3　自动调节系统的控制过程

矿物加工过程自动调节系统的控制过程，可从简单的单回路闭环控制系统和前馈控制系统来阐明。

1. 浮选药剂单回路闭环控制系统

在浮选过程中，药剂的作用机理往往很复杂，并且在不同的条件下，同一种药剂的作用机理也不尽相同。但从控制角度考虑，添加药剂后有一种现象是共同的，即药剂用量会影响浮选产品的质量。因此可通过对浮选产品质量的检测来控制药剂用量。

通过对浮选产品质量的检测来控制药剂用量的控制系统结构框图如图 3－35 所示。

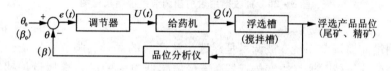

图 3－35　药剂用量的控制系统结构框图

浮选产品品位定值调节系统，被调量是浮选尾矿的品位，调节变量是药剂添加量，传感器是在线品位分析仪，测量值 $\theta(t)$ 是浮选尾矿的品位瞬态值，调节器的输入是浮选尾矿的品位瞬态偏差值 $e(t)$，执行器是可调节药剂流量 $Q(t)$ 的给药机。

如果浮选工艺实验的结果是：浮选尾矿的品位 $\theta(t)$ 可以通过增加药剂（如捕收剂）用量来降低，也可通过减少药剂用量来提高的话。则该系统的控制过程是这样的：

当浮选尾矿的品位变低时，由传感器立即检测出来并输出给比较器与浮选尾矿的品位给定值 $\theta(t)$ 进行运算，比较器然后将运算的差值 $e(t)$ 送给调节器，调节器根据系统确立的调节规律对输入的差值进行处理后输出调节作用信号 $u(t)$ 的变化，执行器再根据调节作用信号 $u(t)$ 的变化来减少药剂流量 $Q(t)$，以提高品位。若经过此次调节后，品位仍然低于给定值，即还存在偏差，控制系统将继续再减少药剂流量 $Q(t)$。经这样多次循环调节后直到差值 $e(t)$ 为零为止。

同理，当浮选尾矿的品位变高时，执行器再根据调节作用信号 $u(t)$ 的变化来增加药剂流量 $Q(t)$，以降低浮选尾矿的品位，直到差值 $e(t)$ 为零为止。

但往往由于对象惯性等特性影响，被调量品位每次调整有可能会被过分调整，出现超调。但前、后的超调量是越来越小，即是减幅振荡的过程。直到差值 $e(t)$ 为零，建立了新的平衡，执行器给药机保持此时的给药量不变。这样调节系统完成一个控制过程周期（循环）。

2. 捕收剂用量前馈调节系统的控制过程

反馈调节的特点是在被调量与给定值间出现偏差后，即干扰因素已经造成了被调量偏离期望值，调节器才对调节变量进行调节，以补偿或纠正干扰对被调量的影响，这种调节系统的调节作用总是落后于干扰作用对被调量的"破坏"。

前馈调节则是根据干扰作用的大小来进行的，只要干扰一出现，此时被调量还未偏离要求值，调节器就对调节变量进行调整，以预防或补偿干扰将可能对被调量产生的影响。前馈调节可以把干扰消灭在萌芽状态。浮选过程捕收剂用量前馈调节系统结构框图如图 3－36所示。

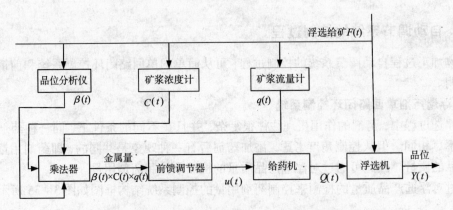

图 3 - 36　捕收剂用量前馈调节系统结构框图

捕收剂用量前馈调节系统,被调量是浮选泡沫产品的品位,调节变量是药剂添加量,传感器是在线品位分析仪、矿浆浓度传感器、流量传感器组成的矿浆金属量传感器组,测量值金属量瞬态值 $\beta(t) \times c(t) \times q(t)$,前馈调节器的输入是浮选给矿的金属量瞬态值,执行器是可调节药剂流量 $Q(t)$ 的给药机。

如果浮选工艺实验的结果是:为了保证浮选泡沫产品的品位,浮选过程的捕收剂用量与浮选给矿矿浆中的某元素的金属量成正比例关系的话。可以通过增加或减少捕收剂用量来补偿浮选给矿的金属量干扰,也就是说可以通过增加或减少捕收剂用量来控制给矿的品位、流量、浓度的变化。则该系统的控制过程是这样的:

当给矿中金属量改变时,前馈调节器根据预先制定的金属量与加药量之间的动态关系,发出一相应的信号给加药机,相应地改变捕收剂的添加量。系统能够在金属量刚刚发生变化,就及时地对捕收剂用量进行调节,以控制浮选产品指标的稳定。

3.3　矿物加工控制系统数学模型

在控制系统的分析和设计中,首先要建立系统的数学模型。自动控制系统的组成可以是电气的、机械的、液压的或气动的等等,然而描述这些系统的数学模型却可以是相同的。因此,通过数学模型来研究自动控制系统,可以摆脱各种不同类型系统的外部特征,研究其内在共性的运动规律。

系统的数学模型,是描述系统内部各物理量之间动态关系的数学表达式。常用的教学模型有:微(差)分方程,传递函数(或脉冲传递函数),频率特性(或描述函数)以及状态空间表达式。结构图和信号流图,是在数学表达式基础上演化而来的数学模型的图示形式。

在上述各种数学模型的形式中,频率特性是在频域中研究线性控制系统的数学模型;差分方程和脉冲传递函数,是研究线性离散系统的数学模型;描述函数是分析非线性系统的近似数学模型;状态空间表达式,是应用现代控制理论研究控制系统,特别是研究多输入 - 多输出系统特性的数学模型。

控制系统数学模型的建立方法有解析法和实验法两大类。

用解析法确定控制系统的数学模型时,要求依据系统及元件各变量之间所遵循的物理、化学定律,由此而推导出各变量之间的数学关系式。

用实验法确定控制系统的数学模型时,要求对系统施加典型测试信号(脉冲、阶跃或正弦信号),记录系统的时间响应曲线或频率响应曲线,从而获得系统的传递函数或频率特性。

3.3.1　微分方程

1. 概述

建立系统的定量数学模型,是实现控制的前提。因此,仔细分析系统变量之间的相互关系并建立系统数学模型是一项必要的工作。由于我们所关心的系统是动态的,因而描述系统行为的方程通常是微分方程(组)。如果这些方程(组)能够线性化,我们就能运用傅里叶变换和拉普拉斯变换来简化求解过程。

实际上,由于系统的复杂性,也由于我们不可能了解和考虑到所有的相关因素,因此必须对系统运行情况作出一些假设。合理的假设和线性化处理,在研究实际物理系统时是非常有用的,这样我们就能通过物理规律赋予线性等效系统相应的物理意义,得到物理系统的线性微分方程(组)模型。最后,利用诸如拉普拉斯变换等数学工具求解微分方程(组),就能得到描述系统行为的解。

归纳而言,分析研究动态系统的步骤为:

①定义系统及其部件;

②确定必要的假设条件并推导数学模型;

③列出描述该模型的微分方程;

④求解方程(组)得到所需的输出变量;

⑤检查假设条件和所得到的解;

⑥若必要,重新分析和设计系统。

2. 系统的微分方程

在自动控制系统的分析和设计中,建立数学模型是一项至关重要的工作,直接关系到控制系统能否稳定地工作。建立教学模型一般应根据系统的实际结构参数及要求的精度适当略去一些次要因素,使模型既能准确反映系统的动态本质,又能简化分析计算的工作。除非系统含有强非线性或参数随时间变化较大,一般应尽可能采用线性定常数学模型来描述控制系统。

如果描述系统的数学模型是线性微分方程,则称该系统为线性系统,若方程中的系数是常数,则称其为线性定常系统。线性系统的最重要特性是可以应用叠加原理。

在动态研究中,如果系统在多个输入作用下,输出等于各输入单独作用下的输出之和(可加性),而且当输入增大 n 倍时,输出相应地增大同样倍数(均匀性),我们就说该系统满足叠加原理条件,该系统可以看成线性系统。如果描述系统的数学模型是非线性微分方程,则该系统称为非线性系统,其特性是不能应用叠加原理。

建立系统数学模型的主要目的是为了分析系统的性能。由数学模型求取系统性能指标的主要途径如图 3 - 37 所示。由图可见,傅里叶变换和拉普拉斯变换是分析和设计线性定常控制系统的主要数学工具。

解析法是根据系统及元件各变量之间所遵循的基本物理、化学等定律,推导每一个元件的输入 - 输出的关系式,然后消去中间变量,从而求出系统输出与输入的数学表达式。

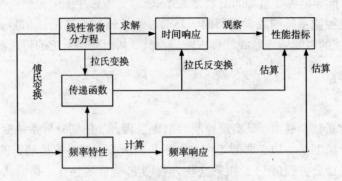

图 3-37　求取性能指标的途径

例 3-1　图 3-38 是由电阻 R、电感 L 和电容 C 组成的无源网络，试写出以 $U_i(t)$ 为输入量，以 $U_0(t) = U_c(t)$ 为输出量的微分方程。

解：根据基本的物理定律，若设回路电流为 $i(t)$，则回路方程可写为

$$L\frac{\mathrm{d}i(t)}{\mathrm{d}t} + \frac{1}{c}\int i(t)\,\mathrm{d}t + i(t)(R) = U_i(t)$$

$$U_c(t) = U_0(t) = \frac{1}{C}\int i(t)\,\mathrm{d}t$$

消去中间变量 $i(t)$，得

$$LC\frac{\mathrm{d}^2 U_0(t)}{\mathrm{d}t^2} + RC\frac{\mathrm{d}U_0(t)}{\mathrm{d}t} + U_0(t) = U_i(t) \tag{3-11}$$

这就是该例要求的微分方程，也称为网络的时域数学模型。

例 3-2　图 3-39 是一简化的机械位移系统，可分解为弹簧-质量-阻尼器。试推导出质量 m 在外力 $F(t)$ 作用下，位移 $x(t)$ 的位移方程。

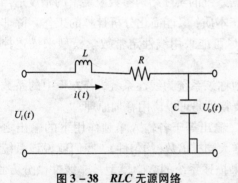

图 3-38　RLC 无源网络

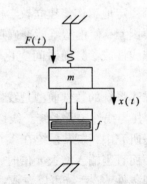

图 3-39　弹簧-质量-阻尼器机械位移系统

解：设质量 m 相对于初始状态的位移为 $x(t)$；速度为 $\mathrm{d}x(t)/\mathrm{d}t$；加速度为 $\mathrm{d}^2 x(t)/\mathrm{d}t^2$。那么，根据牛顿运动定律，作用力的平衡应有

$$m\frac{\mathrm{d}^2 x(t)}{\mathrm{d}t^2} = F(t) - F_1(t) - F_2(t)$$

式中：$F_1(t) = f\mathrm{d}x(t)/\mathrm{d}t$ 是阻尼器的阻尼力，其方向与运动方向相反，其大小与运动速度成正比，f 是阻尼系数；$F_2(t) = Kx(t)$ 是弹簧弹性作用力，其方向亦与运动方向相反，其大小与位移成比例，K 是弹性系数。将 $F_1(t)$ 和 $F_2(t)$ 代入上式中，经整理后即得该系统的微分方程

$$m\frac{\mathrm{d}^2x(t)}{\mathrm{d}t^2} + f\frac{\mathrm{d}x(t)}{\mathrm{d}t} + Kx(t) = F(t) \qquad (3-12)$$

例 3 - 3 选矿过程中根据物料平衡定律推导环节微分方程。

矿物加工过程中的物料平衡，主要指矿量平衡、金属量平衡、水量平衡等。静态平衡方程是指当系统处于稳定状态时，各物料之间的平衡关系，即单位时间内流入该对象的物料量应等于从对象中流出的物料量。

当系统受到外来作用静态平衡受到破坏时，流入对象的物料量与流出对象的物料量之间存在不平衡关系，物料流入量与流出量之差值必然改变环节内物料的贮存量，所以动态平衡方程是环节的输入、输出量与贮存量变化之间关系的数学描述。

现以选矿厂磨矿分级系统分级机环节为例，说明环节微分方程推导的步骤。在该系统中分级机是调节对象，被调量是溢流浓度，干扰作用是磨机排矿浓度及排矿量的变化、返砂量的变化、补加水水量、水压的变化等，这些干扰作用直接影响溢流浓度的变化。调节变量是调节阀阀芯位移，即调整水量的变化，来调整溢流浓度。

分级机的微分方程，可根据分级机中水的动态平衡和静态平衡关系来推导。

假设只有补加水水量及磨机排矿浓度改变，而磨机排矿量及返砂量均保持不变。则分级机水的静态平衡方程为

$$q_{v补} + q_{v磨} = q_{v溢} + q_{v砂}$$

式中：$q_{v补}$ 为分级机单位时间内补加水量；$q_{v溢}$ 为单位时间内由分级机溢流带走的水量；$q_{v磨}$ 为磨机排矿中进入的水量；$q_{v砂}$ 为由分级机返砂带走的水量（假设为固定值）。

则分级机水量的动态平衡方程可写为

$$\frac{\mathrm{d}q_v(t)}{\mathrm{d}t} = q_{v补} + q_{v磨} - q_{v溢} - q_{v砂} \qquad (3-13)$$

式中：q_v 为分级机内贮存的水量。

即分级机内贮存的水量的变化，等于进来的水量减去流出去的水量。

当分级机内矿量不改变时（假设不变），分级机内贮水量如增加 Δq_v，必然会引起溢流浓度降低 Δc。Δc 与 Δq_v 之间在窄范围内可近似为直线关系，即

$$-R\Delta c = \Delta q_v \qquad (3-14)$$

式中：R 为比例系数；c 为溢流浓度。

比例系数可进一步表示为

$$R = Vh \qquad (3-15)$$

式中：V 为分级机有效体积；h 为单位有效分级机体积内，每改变 1% 浓度时，所需改变的水量。

对式(3-14)两边微分得

$$-R\frac{\mathrm{d}c}{\mathrm{d}t} = \frac{\mathrm{d}q_v}{\mathrm{d}t} \qquad (3-16)$$

将式(3-16)代入式(3-13)，可得

$$-R\frac{\mathrm{d}c}{\mathrm{d}t} = q_{v补} + q_{v磨} - q_{v溢} - q_{v砂} \tag{3-17}$$

$$q_{v溢} = q_{m溢}p \tag{3-18}$$

式中：$q_{m溢}$ 为分级机溢流单位时间排除的干矿量；p 为分级机溢流的液固比。

$$p = \frac{1-c}{c} = \frac{1}{c} - 1 \tag{3-19}$$

单位时间内的溢流矿量 $q_{m溢}$ 等于溢流的矿浆体积流量 $q_{v溢矿}$、流浓度 c 及矿浆密度 ρ 的乘积

$$q_{m溢} = q_{v溢矿}\rho c \tag{3-20}$$

把式(3-19)、(3-20)代入式(3-18)可得

$$q_{v溢} = q_{v溢矿}\rho - q_{v溢矿}\rho c \tag{3-21}$$

再把式(3-21)代入式(3-17)得

$$-R\frac{\mathrm{d}c}{\mathrm{d}t} + q_{v溢矿}\rho - q_{v溢矿}\rho c = q_{v补} + q_{v磨} - q_{v砂} \tag{3-22}$$

把式(3-22)写成增量式为

$$-R\frac{\mathrm{d}(c_0 + \Delta c)}{\mathrm{d}t} + q_{v溢矿}\rho - q_{v溢矿}\rho(c_0 + \Delta c) = q_{v0补} + \Delta q_{v补} + q_{v0磨} + \Delta q_{v磨} + q_{v0砂} \tag{3-23}$$

则初始稳态式为

$$-R\frac{\mathrm{d}(c_0)}{\mathrm{d}t} + q_{v溢矿}\rho - q_{v溢矿}\rho(c_0) = q_{v0补} + q_{v0磨} + q_{v0砂} \tag{3-24}$$

式中：$q_{v0补}$ 为稳态时的额定补加水量；$q_{v0磨}$ 为额定浓度时，磨机排矿中的水量(固定矿量)；c_0 为给定的浓度值。

用式(3-24)减去式(3-23)，可得

$$-R\frac{\mathrm{d}(\Delta c)}{\mathrm{d}t} + q_{v溢矿}\rho(\Delta c) = -\Delta q_{v补} - \Delta q_{v磨} \tag{3-25}$$

设：$\Delta q_{v磨} = \Delta p_{磨}\, q_{m矿}$，$\Delta p_{磨}$ 为磨机内液固比变化值，$q_{m矿}$ 为磨机排矿量(假设不变化)。
将式(3-15)代入式(3-25)得

$$\frac{Vh}{q_{v溢矿}\rho}\frac{\mathrm{d}(\Delta c)}{\mathrm{d}t} + \Delta c = -\frac{1}{q_{v溢矿}\rho}\Delta q_{v补} - \frac{q_{m矿}}{q_{v溢矿}\rho}\Delta p_{磨} \tag{3-26}$$

设：$T_0 = \dfrac{Vh}{q_{v溢矿}\rho}$；$K_0 = \dfrac{1}{q_{v溢矿}\rho}$；$K_f = \dfrac{q_{磨}}{q_{v溢矿}\rho}$。

假设 $q_{v溢矿}$ 变化范围不太大，因而可近似看作常数，则得

$$T_0\frac{\mathrm{d}(\Delta c)}{\mathrm{d}t} + \Delta c = -K_0\Delta q_{v补} - K_f\Delta p_{磨} \tag{3-27}$$

式(3-27)就是分级机的增量方程，T_0 是该环节的时间常数。为了简便，常把"Δ"省略，但必须记住，在此输入、输出为增量值。省略"Δ"后，式(3-27)变为

$$T_0\frac{\mathrm{d}c}{\mathrm{d}t} + c = -K_0\Delta q_{v补} - K_f\Delta p_{磨} \tag{3-28}$$

用解析法推导系统的微分方程则比较简洁明确，一般对于一些简单的系统是可以的。

一般情况，将微分方程写成标准形式，与输入量有关的项写在方程的右端，与输出量有

关的项写在方程左端,变量的导数项按降幂排列。即

$$a_0 \frac{d^n}{dt^n}c(t) + a_1 \frac{d^{n-1}}{dt^{n-1}}c(t) + \cdots + a_{n-1}\frac{d}{dt^n}c(t) + a_n c(t)$$

$$= b_0 \frac{d^m}{dt^m}r(t) + b_1 \frac{d^{m-1}}{dt^{m-1}}r(t) + \cdots + a_{m-1}\frac{d}{dt}r(t) + b_m r(t) \quad (n>m) \tag{3-29}$$

3.3.2 传递函数

控制系统的微分方程是在时间域描述系统动态性能的数学模型,在给定值作用及初始条件下,求解微分方程可以得到系统的输出响应。这种方法比较直观,特别是借助于计算机可以迅速而准确地求得结果。

但是如果系统的结构改变或某个参数变化时,就要重新列写并求解微分方程,这不便于对系统进行分析和设计。用拉氏变换法求解线性系统的微分方程时,可以得到控制系统在复数域中的数学模型,传递函数。

传递函数不仅可以表征系统的动态性能,而且可以用来研究系统的结构或参数变化对系统性能的影响。经典控制理论中广泛应用的频率法和根轨迹法,就是以传递函数为基础建立起来的,传递函数是经典控制理论中最基本和最重要的概念。

1. 环节的传递函数

在控制理论中,为了描述线性定常系统的输入 – 输出关系,最常用的方法就是所谓的传递函数。传递函数的概念只适用于线性定常系统,在某些特定条件下也可以扩充到一定的非线性系统中去。

(1)传递函数的定义

线性定常系统的传递函数,即初始条件为零时输出量的拉普拉斯变换与输入量的拉普拉斯变换之比。

假设系统微分方程的一般形式为

$$a_0 \frac{d^n}{dt^n}(t) + a_1 \frac{d^{n-1}}{dt^{n-1}}c(t) + \cdots + a_{n-1}\frac{d}{dt}c(t) + a_n c(t) = b_0 \frac{d^m}{dt^m}r(t) + b_1 \frac{d^{m-1}}{dt^{m-1}}r(t) + \cdots + b_{m-1}$$

$$\frac{d}{dt}r(t) + b_m r(t)$$

式中:$r(t)$代表环节(系统)的输入,$c(t)$代表环节(系统)的输出,a,b 为系数。

设 $R(s)=L[r(t)]$,$C(s)=L[c(t)]$,当初始条件均为 0 时,有

$$(a_0 s^n + a_1 s^{n-1} + \cdots + a_{n-1}s + a_n)C(s) = (b_0 s^m + b_1 s^{m-1} + \cdots + b_{m-1}s + b_m)R(t) \tag{3-30}$$

得

$$G(s) = \frac{b_0 s^m + b_1 s^{m-1} + \cdots + b_{m-1}s + b_m}{a_0 s^n + a_1 s^{n-1} + \cdots + a_{n-1}s + a_n}R(s)$$

令

$$G(s) = \frac{C(s)}{R(s)} = \frac{b_0 s^m + b_1 s^{m-1} + \cdots + b_{m-1}s + b_m}{a_0 s^n + a_1 s^{n-1} + \cdots + a_{n-1}s + a_m} \tag{3-31}$$

式(3-31)称为系统的传递函数。

结论:

①传递函数是由微分方程在初始条件为零时进行拉氏变换得到的;

②已知 $R(s)$ 和 $G(s)$ 时,$C(s)=G(s)\cdot R(s)$,$c(t)=L^{-1}[C(s)]$。

传递函数是一种以系统参数表示的线性定常系统的输入量与输出量之间的关系式,它表达了系统本身的特性,而与输入量无关。传递函数包含着联系输入量与输出量所必需的单位,但它不能表明系统的物理结构(许多物理性质不同的系统,可以有相同的传递函数)。传递函数分母中 s 的最高阶数就是输出量导数的阶数。如果 s 的最高阶数等于 n,这种系统就叫 n 阶系统。

例 3 – 4 求例 3 – 1 的传递函数。

解:前面已得到此电路的电压平衡方程式

$$LC\frac{d^2U_0(t)}{dt^2} + RC\frac{dU_0(t)}{dt} + U_0(t) = U_i(t)$$

当初始条件为零时,取方程的拉普拉斯变换

$$(LCS^2 + RCS + 1)U_0(s) = U_i(s)$$

取 $U_0(s)$ 与 $U_i(s)$ 之比,即可得到系统的传递函数

$$G(s) = \frac{U_0(s)}{U_i(s)} = \frac{1}{LCS^2 + RCS + 1}$$

(2)传递函数的基本性质

传递函数的适用范围限于线性常微分方程系统,在这类系统的分析和设计中,传递函数方法的应用很广泛。下面是有关传递函数的一些基本性质(下列各项说明中涉及的均为线性常微分方程描述的系统)。

①系统的传递函数是一种数学模型,它表示输出变量与输入变量的微分方程的一种运算方法。

②传递函数是系统本身的一种属性,它与输入量或驱动函数的大小和性质无关。

③传递函数包含输入量与输出量所必需的单位,但它不提供有关系统物理结构的任何信息。

④如果系统的传递函数已知,则可以针对各种不同形式的输入量研究系统的输出或响应,以便掌握系统的性质。

⑤如果不知道系统的传递函数,则可通过引入已知输入量并研究系统输出量的实验方法,确定系统的传递函数。系统的传递函数一旦被确定,就能对系统的动态特性进行充分描述,它不同于对系统的物理描述。

⑥用传递函数表示的常用连续系统有两种比较常用的数学模型。

第一种表示方式为传递函数

$$G(s) = \frac{Y(s)}{X(s)} = \frac{num(s)}{den(s)} = \frac{b_0 s^m + b_1 s^{m-1} + \cdots + b_{m-1}s + b_m}{a_0 s^n + a_1 s^{n-1} + \cdots + a_{n-1}s + a_n}$$

第二种表示方式也叫零极点增益模型,具体形式为

$$G(s) = k\frac{(s - z_0)(s - z_1) + \cdots + (s - z_m)}{(s - p_0)(s - p_1) + \cdots + (s - p_m)}$$

这两种模型各有不同的适用范围,可以相互转换,在不同的场合需要用不同的模型。如:在根轨迹分析中,用零极点模型就比较合适。

相似系统,在实践中是很有用的,因为一种系统可能比另一种系统更容易通过实验来处理。例如,对于一个庞大和结构复杂的机械系统,可以通过建造和研究一个与机械系统相似

的电模拟系统，通过电模拟系统来代替对机械系统的制造和研究。一般来说，电的或电子的系统更容易通过实验进行研究。表3-1所示为相似系统的相似变量。

表3-1 相似系统中的相似变量

弹簧阻尼系统	机械系统	电系统
力 F	转矩 T	电压 u
质量 m	转动惯量 J	电感 L
粘性磨擦系数 f	粘性磨擦系数 f	电阻 R
弹簧系数 k	扭转系数 k	电容的倒数 $1/C$
位移 x	角位移 θ	电荷 q
速度 v	角速度 ω	电流 I

（3）典型环节的传递函数

自动控制系统是由若干环节组成的，环节具有各种各样的结构和功能。然而这里所讨论的典型环节并不是按照它们的作用原理和结构分类，而是按照它们的动态特性或数字模型来区分。因为控制系统的运动情况只决定于所有各组成环节的动态特性及连接方式，而与这些环节具体结构和进行的物理过程不直接相关。从这一点出发，组成控制系统的环节可以抽象为几种典型环节，逐个研究和掌握这些典型环节的特性，就不难综合研究整个系统的特性。

调节系统的各环节由各种仪表和设备组成，这些仪表、设备各自具有不同的物理特性。但从其动态特性来说，可归纳为比例环节、积分环节、惯性环节、微分环节、振荡环节、滞后环节等。

①比例环节

比例环节（零阶环节）又称放大环节，其动态方程及传递函数是

$$y(t) = Kx(t)$$

$$G(s) = \frac{Y(s)}{X(s)} = K \tag{3-32}$$

这表明，输出量与输入量成正比，动态关系与静态关系都一样，不失真也不迟延，所以又称为无惯性环节或放大环节。比例环节的特征参数只有一个，即放大系数 K。工程上如无弹性变形的杠杆、电子放大器检测仪表、比例式执行机构等都是比例环节的一些实际例子，阶跃响应曲线如图3-40所示。

②惯性环节

惯性环节又称非周期环节，惯性环节的特点是其输出与输入之间为一阶微分方程关系。例如自衡水池的水位、某些阻容电路以及在输入端带节气阀的气体流动箱等。其阶跃响应曲线如图3-41所示，是一条指数曲线，没有周期性起伏，故称非周期性环节。其动态特性方程和传递函数为

$$T\frac{dy(t)}{dt} + y(t) = Kx(t)$$

$$G(s) = \frac{Y(s)}{X(s)} = \frac{K}{Ts+1} \qquad\qquad (3-33)$$

式中：T 为惯性环节的时间常数；K 为比例系数。

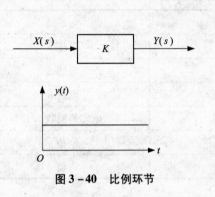

图 3 – 40　比例环节

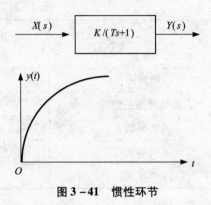

图 3 – 41　惯性环节

当输入信号为单位阶跃函数时，其环节的输出为

$$y(t) = L^{-1}[G(s)X(s)] = L^{-1}\left[\frac{K}{Ts+1} \cdot \frac{1}{s}\right] = K(1 - e^{-t/T})$$

它是一条指数曲线，当时间 $t = 3T - 4T$ 时，输出量才接近其稳态值。在实际系统中，惯性环节是比较常见的，例如直流电机的励磁回路等。

③积分环节

其阶跃响应曲线见图 3 – 42，积分环节的动态方程和传递函数为

$$y(t) = K\int x(t)\,\mathrm{d}t$$

$$G(s) = \frac{Y(s)}{X(s)} = \frac{K}{s} \qquad (3-34)$$

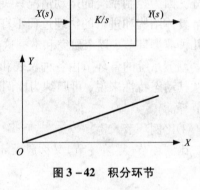

图 3 – 42　积分环节

在单位阶跃输入的作用下，积分环节的输出 $y(t)$ 为

$$y(t) = L^{-1}[G(s)X(s)] = L^{-1}\left[\frac{K}{s} \cdot \frac{1}{s}\right] = Kt$$

这表明，只要有一个恒定的输入量作用于积分环节，其输出量就与时间成正比无限增加。积分环节具有记忆功能，当输入信号突然去除时，输出可以保持不变。在控制系统设计中，常用积分环节来改善系统的稳态性能。

④微分环节

微分环节的特点是其输出量与输入量的改变速度成比例，又有理想微分环节和实际微分环节之分。

理想微分环节：测速电机是近似的理想微分环节，其输入是马达转子的转角 α，输出是电枢输出的电压 $U_{出}$，它与转速成正比（见图 3 – 43）。其动态特性由下式表示

$$y(t) = T_d \frac{\mathrm{d}x(t)}{\mathrm{d}t}$$

$$G(s) = T_d s \qquad\qquad (3-35)$$

式中：T_d 为理想微分环节的时间常数。

实际微分环节：实际上，任何环节都有一定的惯性，所以实际的微分环节中微分作用和惯性作用同时存在。例如图 3 - 44 中的 RC 电路就是实际微分环节，其动态特性如下：

$$T\frac{dy(t)}{dt} + y(t) = KT\frac{dx(t)}{dt}$$

$$G(s) = \frac{Y(s)}{X(s)} = \frac{Ts}{Ts+1}$$

式中：T 为实际微分环节的时间常数；K 为实际微分环节的传递系数。

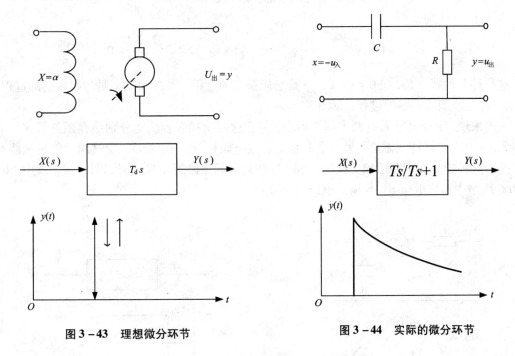

图 3 - 43　理想微分环节　　　　　　　图 3 - 44　实际的微分环节

它有一个负极点和一个位于 S 平面原点的零点。实际微分环节在单位阶跃输入作用下的输出响应为

$$y(t) = L^{-1}[G(s)x(s)] = L^{-1}\left[\frac{Ts}{Ts+1} \cdot \frac{1}{s}\right] = e^{-\frac{t}{T}}$$

实际微分环节的特点是，阶跃响应曲线（见图 3 - 44）在 $t = t^+$ 的瞬间，输出信号 y 与输入信号 x 成比例地跃变，其变化量的大小为 x 的 K 倍。然后 $y(t)$ 按指数曲线规律衰减，最后输出变化量复原到零值，该阶跃响应曲线的时间函数式为

$$y = Kxe^{-\frac{t}{T}}$$

理想微分环节的输出与输入量的变化速度成正比。在阶跃输入作用下的输出响应为一理想脉冲（实际上无法实现），由于微分环节能体现输出信号的变化趋势，所以常用来改善系统的动态特性。

⑤振荡环节

振荡环节的输入与输出之间的关系用二阶微分方程来表示

$$T^2 \frac{\mathrm{d}^2 y(t)}{\mathrm{d}t^2} + 2\xi T \frac{\mathrm{d}y(t)}{\mathrm{d}t} + y(t) = Kx(t)$$

$$G(s) = \frac{Y(s)}{X(s)} = \frac{K}{T^2 s^2 + 2\xi Ts + 1} \quad (0 \leqslant \xi \leqslant 1) \qquad (3-36)$$

或
$$G(s) = \frac{K\omega_n^2}{s^2 + 2\xi\omega_n s + \omega_n^2}, \ \omega_n = \frac{1}{T}$$

式中：T 为振荡环节的时间常数；K 为放大系数；ξ 为振荡环节的阻尼比。

两个极点为：

$$-\xi\omega_n \pm j\omega_n \sqrt{1-\xi^2}$$

当 $Kx(t) = 1$ 时，

$$y(t) = 1 - \frac{\mathrm{e}^{-\xi\omega_n t}}{\sqrt{1-\xi^2}} \sin\left(\omega_n \sqrt{1-\xi^2} + \mathrm{tg}^{-1} \frac{\sqrt{1-\xi^2}}{\xi}\right) \quad t \geqslant 0$$

这种环节的特点是，当 $0 < \xi < 1$ 时，是衰减振荡的过程；当 $\xi = 0$ 时，是等幅振荡的过程；当 $\xi \geqslant 1$ 时是非周期振荡的过程；见图 3-45(c)。

一般来说，一个环节具有两个耦合容量，并且这两个耦合容量能分别储存两种形式的能量(例如一个贮存动能或磁能，另一个贮存位能或电能)。在一定条件下，这两种能量又能互相转换。这种能量互相存贮和交换的过程，往往是周期性振荡环节。例如图 3-45(a)、(b) 的 RLC 线路中输出电压 $u_出$ 与输入电压 $u_入$ 的关系。

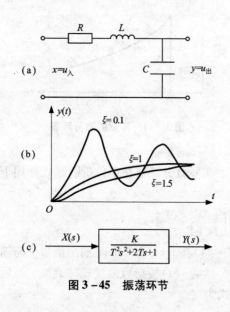

图 3-45 振荡环节

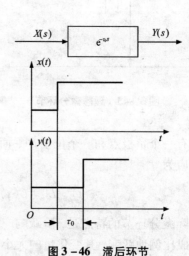

图 3-46 滞后环节

6)纯滞后(延迟)环节

延迟环节的微分方程和传递函数为

$$y(t) = x(t - \tau_0)$$

$$G(s) = \frac{Y(s)}{X(s)} = \mathrm{e}^{-\tau_0 s} \qquad (3-37)$$

延迟环节在单位阶跃输入作用下的输出响应为

$$y(t) = 1(t - \tau_0)$$

即输出完全复现输入，只是延迟了 τ_0 时间。τ_0 为延迟环节的特征参数，称为延迟时间或滞后时间。

其阶跃响应曲线如图 3-46 所示。

滞后环节用来描述物料或信号以一定速度传送的情况，例如皮带运输机传送矿石、矿浆管道、溜槽输送矿浆、加药管道输送药剂等。

以上介绍了六种典型环节，这是控制系统中最见的基本环节。

3. 系统的传递函数

控制系统可以由许多元件组成。为了表明每一个元件在系统中的功能，在控制工程中，常常应用所谓"方框图"的概念。方框图是描述控制系统的另一种比较直观的模型，在控制系统的分析中，用方框图进行处理具有相当明显的优势。

系统框图是系统中每个元件的功能和信号流向的图解表示。方框图表明了系统中各种元件间的相互关系。方框图优于纯抽象的数学表达式，因为它能够清楚地表明实际系统中的信号流动情况。

在框图中，通过函数方框，可以将所有的系统变量联系起来。"函数方框"或简称为"方框"，是对加到方框上的输入信号的一种运算过程，运算结果以输出量表示出来。元件的传递函数，通常写进相应的方框中，并用标明信号流向的带箭头的线段将这些方框连接起来。应当指出，信号只能沿箭头方向通过。这样，控制系统的方框图就清楚地表示了它的单向特性。

图 3-47 表示了一个框图单元。指向方框的带箭头的线段表示输入，而从方框出来带箭头的线段则表示输出。在这些线段上标明了相应的信号名称。

图 3-47　方块图单元

应当指出，方框输出信号等于输入信号与方框中传递函数的乘积。

用方框图表示系统的优点是：只要依据信号的流向，将各元件的方框连接起来，就能够容易地组成整个系统的方框图，通过方框图，还可以评价每一个元件对系统性能的影响。

所以，可以看出方框图比物理系统本身更容易体现系统的函数功能。方框图包含了与系统动态特性有关的信息，但它不包括与系统物理结构有关的信息。因此，许多完全不同和根本无关的系统，可以用同一个方框图来表示。

应当指出，对于一定的系统来说，方框图不是唯一的。由于分析角度的不同，对于同一个系统，可以画出许多不同的方框图。

绘制系统框图的一般步骤为：

①写出每一个部件的运动方程(考虑负载效应)；

②对方程式进行拉氏变换，写出传递函数；

③用方框单元表示每个部件；

③根据信号流向，画出系统动态框图。

对于一个具体的系统，我们可以依据以下步骤完成系统框图的绘制：

①找出变量，输入变量、输出变量、中间变量；

②列出关系式；

③一个元件，一个方程，一个关键式，前向必有一个相加（比较），或引出点元件；

④按照物理定律，一步到位画出框图。

例 3 - 5 画出如图 3 - 48 所示系统的结构框图。

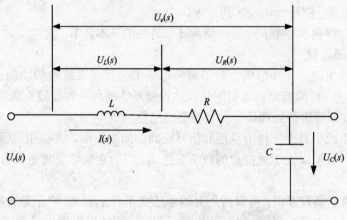

图 3 - 48　例 3 - 5 图

解：

①找出变量

输入变量：$U_r(s)$；

输出变量：$U_c(s)$，$U_L(s)$，$U_R(s)$，$U_e(s)$；

②列出关系式

$$U_e(s) = U_r(s) - U_c(s)$$

$$U_L(s) = U_e(s) - U_R(s)$$

$$I(s) = \frac{U_L(s)}{LS}$$

$$U_R(s) = I(s)R$$

$$U_c(s) = \frac{I(s)}{CS}$$

③依据图 3 - 48 结构和物理定律画出框图，如图 3 - 49 所示。

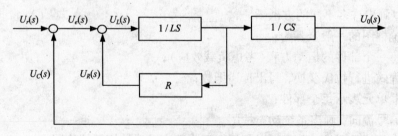

图 3 - 49　例 3 - 5 框图

例3-6　试绘制如图3-50的一个无源网络的结构框图。

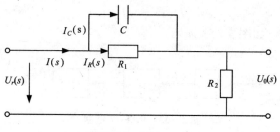

图3-50　例3-6图

解：

①找出变量

输入变量：$U_r(s)$；

输出变量：$U_o(s)$，$I(s)$，$I_R(s)$，$I_c(s)$；

②列出关系式

$$U_o(s) = U_r(s) - U_c(s)$$
$$I(s) = I_c(s) - I_R(s)$$

③画出框图　如图3-51所示。

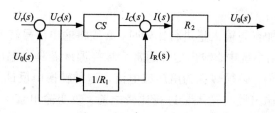

图3-51　例3-6框图

例3-7　绘制如图3-52有源网络的结构框图。

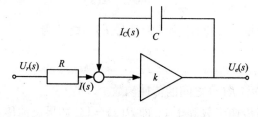

图3-52　例3-7图

解：

①找出变量

输入变量：$U_r(s)$；

输出变量：$U_e(s)$，$I(s)$，$I_c(s)$；

②列出关系式

$$I(s) + I_C(s) = 0$$
$$I_C(s) = -I(s)$$

③画出该系统框图　如图 3 – 53 所示。

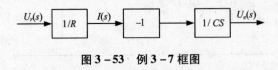

$U_r(s) \rightarrow \boxed{1/R} \xrightarrow{I(s)} \boxed{-1} \rightarrow \boxed{1/CS} \xrightarrow{U_e(s)}$

图 3 – 53　例 3 – 7 框图

如图 3 – 54 所示的方框图，输出量 $C(s)$ 反馈到相加点，并且在相加点与参考输入量 $R(s)$ 进行比较，得到误差检测器产生的输出信号 $E(s)$。系统的闭环性质，在图上清楚地表示了出来。在这种情况下，方框的输出量 $C(s)$ 等于方框的输入量 $E(s)$ 乘以传递函数 $G(s)$。

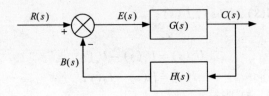

图 3 – 54　闭环系统方块图

当输出量反馈到相加点与输入量进行比较时，必须将输出信号转变为与输入信号相同的量纲。例如，在温度控制系统中，输出信号通常为被控温度。具有温度量纲的输出信号，在与输入信号进行比较之前，必须转变为电压或电流。这种转换由反馈元件来完成，反馈元件的另一个重要作用是在输出量与输入量进行比较之前，改变输出量。对于正在讨论的例子，反馈到相加点与输入量进行比较的反馈信号为 $B(s) = H(s)C(s)$。

下面给出几个基本概念：

开环传递函数　反馈信号 $B(s)$ 与作用误差信号 $E(s)$ 之比，即

$$\frac{B(s)}{E(s)} = G(s)H(s)$$

前向传递函数　输出量 $C(s)$ 与作用误差信号 $E(s)$ 之比为

$$\frac{C(s)}{E(s)} = G(s)$$

闭环传递函数　$C(s)$ 与 $R(s)$ 之间的传递函数。

单位反馈系统　反馈传递函数等于 1，即 $H(s) = 1$。如果反馈传递函数等于 1，那么开环传递函数与前向传递函数相同。

$$C(s) = G(s)E(s)$$
$$E(s) = R(s) - B(s) = R(s) - H(s)C(s)$$

从上述方程中消去 $E(s)$，得

$$C(s) = G(s)[R(s) - H(s)C(s)]$$

于是可得

$$\frac{C(s)}{R(s)} = \frac{G(s)}{1 + G(s)H(s)} \qquad (3-38)$$

$C(s)$ 与 $R(s)$ 之间的传递函数，叫做闭环传递函数。这一传递函数将闭环系统的动态特性与前向通道和反馈通道的动态特性联系在一起了。

由方程(3-38)可求得 $C(s)$，即

$$C(s) = \frac{G(s)}{1 + G(s)H(s)} R(s)$$

因此，闭环系统的输出量显然取决于闭环传递函数和输入量的性质。

图 3-55 为一个在扰动作用下的闭环系统。当两个输入量(参考输入量和扰动量)同时作用于线性系统时，可以对每一个输入量单独地进行处理，将与每一个输入量单独作用时相应的输出量叠加，即可得到系统的总输出量。每个输入量加进系统的形式用相加点上的加号或减号来表示。

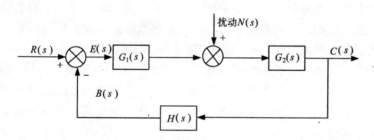

图 3-55 在扰动作用下的闭环系统

现在来讨论图 3-55 表示的系统。在研究扰动量 $N(s)$ 对系统的影响时，可以假设系统在开始时是静止的，并且假设无输入信号，即 $R(s)=0$，这样就可以单独计算系统对扰动的响应 $C_N(s)$。由下式求得

$$\frac{C_N(s)}{N(s)} = \frac{G_2(s)}{1 + G_1(s)G_2(s)H(s)}$$

另一方面，在研究系统对参考输入量的响应时，可以假设扰动量等于零。这时系统对参考输入量 $R(s)$ 的响应 $C_R(s)$ 可由下式求得

$$\frac{C_R(s)}{R(s)} = \frac{G_1(s)G_2(s)}{1 + G_1(s)G_2(s)H(s)}$$

将上述两个单独的响应相加，就可以得到参考输入量和扰动量同时作用时的响应。换句话说，参考输入量 $R(s)$ 和扰动量 $N(s)$ 同时作用于系统时，系统的响应 $C(s)$ 为

$$C(s) = C_R(s) + C_N(s) = \frac{G_2(s)}{1 + G_1(s)G_2(s)H(s)}[G_1(s)R(s) + N(s)]$$

另一方面，当 $G_1(s)G_2(s)H(s)$ 的增益增大时，闭环传递函数 $C_R(s)/R(s)$ 趋近于 $1/H(s)$。这表明，当 $G_1(s)G_2(s)H(s) \gg 1$ 时，闭环传递函数 $C_R(s)/R(s)$ 将变成与 $G_1(s)$ 和 $G_2(s)$ 无关，而只与 $H(s)$ 成反比关系，因此 $G_1(s)$ 和 $G_2(s)$ 的变化，不影响闭环传递函数 $C_R(s)/R(s)$。这是闭环系统的另一个优点。

3.3.3 响应曲线

以上两种方法的基础都是从推导环节(系统)的微分方程出发,只是解法不同。但对一些复杂的环节(系统),可能无法获得微分方程,或推导出的微分方程各系数与实际情况有较大的差距,此时就需要通过实验来确定微分方程或传递函数的结构和有关系数。

实验测定法一般只用于建立被测对象或系统的输入–输出模型。这种模型是根据对输入和输出的实测数据进行某种数学处理后得到的。其特点是完全从外部特性上测试和描述被调对象或系统的动态性质,可以不究其内部复杂的结构和机理。

控制系统或调节对象的动态特性,只有当它们处于变动状态下才会表现出来,在稳定状态下是无法体现的。因此,为了获得其动态特性,必须使被研究对象处于变化的状态。根据加入系统的输入信号和输出的结果的分析方法不同,测试动态特性的实验方法也不相同,主要有以下几种。

①时域测定法　时域测定的主要过程是对被测系统或对象在输入端施加阶跃扰动信号,而在输出端测绘其输出量随时间变化的响应曲线。或者施加脉冲输入,测绘输出的脉冲响应曲线,再对响应曲线的结果进行分析,然后确定被测系统或对象的传递函数。时域测定法所采用的测试设备简单,测试工作量小,因而被广泛应用,但精度不高。

②频域测定法　频域测定法的主要过程是对被测系统或对象施加不同频率的正弦信号,测出输入信号与输出信号之间的幅值比和相位差,从而获得被测系统或对象的频率特性。这种方法在原理和数据处理方面都比较简单,测试精度比时域法高,但需采用专门的超低频测试设备,测试工作量较大。

③统计相关测定法　统计相关测定法的主要过程是对被测系统或对象施加某种随机信号,根据被测系统或对象各参数的变化,采用统计相关法确定被测系统或对象的动态特性。这种方法可以在被测系统或生产过程正常运行状态下进行,测试结果精度较高,但要求采集大量测试数据,并需用相关仪表和计算机进行数据计算和处理。

这三种方法的主要差异,是在实验过程中施加的扰动作用方法不同,因而对这些实验结果的处理方法也不同。这些方法中阶跃响应曲线法实施起来比较容易,实验结果的处理也较简单,但精度较差,下面介绍这种方法。

阶跃响应曲线法是通过实验来测定广义对象(即包括执行机构、对象和传感器的组合)及调节系统动态特性较为方便的方法,该法只需要为数不多的仪表即可。

1. 用实验方法获得阶跃响应曲线

还是以分级机为例,研究广义对象动态特性的实验方法,如图 3 – 56 所示:

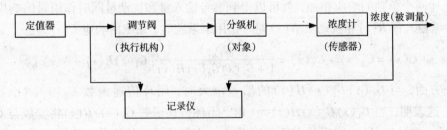

图 3 – 56　广义对象动态特性测试框图

　　由定值器向电动调节阀发出一阶跃扰动指令，使分级机调节水量作相应变化，观察在该扰动作用下，溢流浓度随时间变化的情况、并用记录仪记录下所得曲线就是浓度的阶跃响应曲线。

　　研究调节系统动态特性的实验方法有内扰动法和外扰动法之分。以分级机溢流浓度调节系统为例，内扰动实验法如图 3-57 所示，通过阶跃改变给定值，对系统施加扰动，观察浓度随时间的变化情况，并同时记录浓度给定值的变化和被调量的测量值（溢流浓度的变化值），该曲线就是在调节系统内部施加阶跃扰动时，该调节系统的响应曲线。

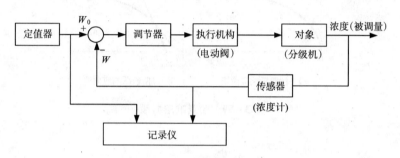

图 3-57　内扰动实验法框图

　　外扰动实验法如图 3-58 所示，这是通过向调节对象施加外部阶跃扰动作用（外加电动水阀阀芯位移量，即补加水量），观察被调量（溢流浓度）随时间的变化量，同时记录阶跃扰动量（外加电动阀阀芯位移量）及被调量测量值，该曲线就是在施加外部阶跃扰动时的阶跃响应曲线。

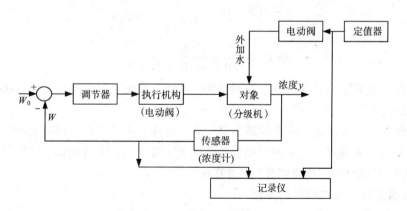

图 3-58　外扰动实验法框图

　　一般采用内扰动法做实验，因为该法设备简单，操作方便，并且内扰动的实验条件更严格，反应曲线更具有代表性。

2. 根据阶跃响应曲线得到数学模型的结构模型

　　上面实验的结果，可得到阶跃响应曲线，通过对反应曲线形状的分析，可粗略判断环节（系统）的微分方程的阶数及结构（即数学模型的结构模型）。

　　以图 3-59 的反应曲线为例，图 3-59(a) 曲线形状（近似指数曲线）是一阶对象，其特点

是在受阶跃扰动作用下，被调量在反应曲线的一开始就有一定的斜率，它的数学结构模型是

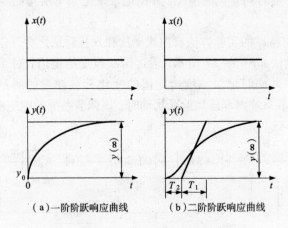

（a）一阶阶跃响应曲线　　　（b）二阶阶跃响应曲线

图 3 - 59　阶跃响应曲线

$$T_0 \frac{\mathrm{d}y}{\mathrm{d}t} + y = K_0 x$$

$$G(s) = \frac{K_0}{1 + T_0 S}$$

图 3 - 59（b）的反应曲线是二阶或二阶以上的环节。其特点是在扰动作下，因滞后的影响，反应曲线 $y(t)$ 变化的初速度是零，然后慢慢上升，随后被调量急剧变化，最后趋于某一稳定值。该二阶环节的数学模型可写为

$$T_1 T_2 \frac{\mathrm{d}^2 y}{\mathrm{d}t^2} + (T_1 + T_2) \frac{\mathrm{d}y}{\mathrm{d}t} + y = K_0 x$$

$$G(s) = \frac{K_0}{T_1 T_2 s^2 + (T_1 + T_2) s + 1}$$

先从曲线形状判断出环节的数学模型结构，再用下面所要讲的图解法等方法来确定数学模型的系数 K_0、T_0、T_1、T_2 等。

该法的优点是，通过实验确定的环节静、动态特性，其结果比较接近实际。缺点是，所获得的环节特性的精确度与实验的精确度关系很大，由于实验条件所限，往往只能得到近似结果。这种方法只能确定"广义对象"和调节系统的静、动态特性。

3．用图解法确定结构模型的参数

（1）一阶环节的参数确定

如果通过响应曲线的形状确定是一阶环节后，可采用以下方法来确定数学模型的参数值。

一般一阶环节可用一阶微分方程表示：

$$T_0 \frac{\mathrm{d}y(t)}{\mathrm{d}t} + y(t) = K_0 x(t)$$

其解就是

$$y(t) = K_0 x(t)(1 - \mathrm{e}^{-1/T_0}) \qquad (3 - 39)$$

静态放大系数 K_0 是

$$K_0 = \frac{y(\infty) - y(0)}{x(t)}$$

在对控制系统的分析中，一般都把被调量的初始值作为起点，即 $y(0)=0$，所以上式为

$$y(\infty) = K_0 x(t) \tag{3-40}$$

把(3-40)代入式(3-39)得

$$y(t) = y(\infty)(1 - e^{-1/T_0}) \tag{3-41}$$

式中：$y(t)$ 为被调量；$x(t)$ 为阶跃输入量；T_0 为一阶对象的时间常数；t 为过程时间；$y(\infty)$ 为被调量的稳态值；$y(0)$ 为被调量的初始值。

对式(3-41)两端取对数并整理后得

$$\ln \frac{y(\infty) - y(t)}{y(\infty)} = \frac{1}{T_0} \cdot t \tag{3-42}$$

这显然是一个线性关系式。从式(3-42)知，以 $\frac{y(\infty) - y(t)}{y(\infty)}$ 为纵坐标，以 t 为横坐标，在半对数纸上所得的曲线是条直线，其斜率就是 $1/T_0$。在实际作图时，为了方便，一般以 $y(\infty) - y(t)$ 作纵坐标，其结果一样(见图3-60)，该直线的斜率为

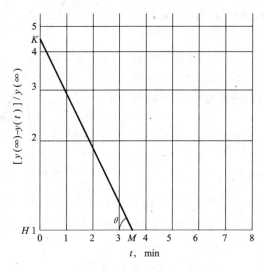

图 3-60 一阶特性的图解法

$$-\mathrm{tg}\theta = \frac{-(\ln K - \ln H)}{M} = \frac{1}{T_0} \tag{3-43}$$

若在半对数纸上得到的不是直线，则该环节就不是一阶环节。

（2）二阶环节的参数确定

如果根据响应曲线的判断或根据一阶特性图解法，确定某环节不是一阶环节时，则该环节至少是二阶环节。

从图3-59(a)与(b)的比较中看出，在阶跃作用的初期，二阶环节由于受滞后的影响，被调量的变化速率比一阶环节小，随着时间的推移，二阶环节与一阶环节反应曲线的形状愈来愈

相似。因此二阶环节可近似看作是由一个滞后环节和一个一阶环节相串联的两个环节组成的。二阶环节中的 T_1 表示相对应的一阶环节的时间常数，T_2 表示相对应的滞后环节的时间常数。

图解法求二阶环节的 T_1 和 T_2 就是根据这种近似假设来进行的。

二阶环节的微分方程在阶跃扰动 $x(t)$ 作用下的解是

$$y(t) = K_0 x(t) - Ae^{-1/T_1} + Be^{-1/T_2}$$

把式(3-39)代入上式可得

$$y(\infty) - y(t) = Ae^{-1/T_1} + Be^{-1/T_2} \qquad (3-44)$$

式(3-44)中，当 $T_1 > T_2$，并且当 t 很大时，e^{-1/T_2} 值相对于 e^{-1/T_1} 来说是很小的，可以把 Be^{-1/T_2} 项忽略不计，则该式变成

$$y(\infty) = y(t) \approx Ae^{-1/T_1} \qquad (3-45)$$

式(3-45)表示二阶环节的响应曲线在 t 很大时的近似一阶环节。根据这种近似假设来求 T_1 和 T_2。

具体做法分两步：

第一步是以 $\ln[y(\infty) - y(t)]$ 值为纵坐标，以时间 t 为横坐标，得到如图 3-61 的实线，这就是式(3-44)描述的二阶环节的曲线。该曲线在 t 小的那一段是非直线，在 t 大的那一段是直线。为了求得 T_1，需要把该曲线的直线部分延长，与纵坐标相交于 a 点，该 ac 直线就是式(3-45)描述的近似一阶部分。其斜率是 $-1/T_1$。

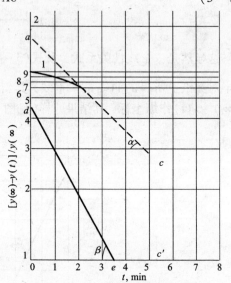

图 3-61　二阶特性图解法

$$-\mathrm{tg}\alpha = -\frac{\ln a - \ln b}{c'} = -\frac{1}{T_1}$$

经过简单运算就能得到 T_1。

第二步是求 T_2。图 3-61 中的实线在 t 较小时不是直线。因为此时，Be^{-1/T_2} 相对于 Ae^{-1/T_1} 不能忽略不计，因此在求 T_2 时两项都必须加以考虑。先对式(3-44)两端取对数，经整理后得

$$\frac{\ln \dfrac{Ae^{-1/T_1} - [y(\infty) - y(t)]}{B}}{t} = -\frac{1}{T_2} \qquad (3-46)$$

按式(3-46)在半对数坐标纸上作图，可以得到另一条直线，其斜率就是 $-1/T_2$。

与求一阶环节时一样，在实际作图时为了方便，用 $\ln\{Ae^{-1/T_1} - [y(\infty) - y(t)]\}$ 做纵坐标，其结果一样。在图 3-61 上，虚线代表 Ae^{-1/T_1}，实线代表 $(y(\infty) - y(t))$，将虚线的值与实线在同一时间的值相减(真值相减)作为纵坐标的值就可得到第二条直线(见图 3-61 中的 de 线)。该线的斜率是 $-1/T_2$。

$$-\mathrm{tg}\beta = -\frac{\ln d - \ln f}{e} = -\frac{1}{T_2}$$

经过简单运算就可得到 T_2。

放大系数 K_0 按式(3-40)计算。

3.4　矿物加工过程控制系统常用电动仪表及设备

和其他工业控制系统一样,矿物加工过程控制系统通常也是由许多单元组成的。根据单元功能的不同,可将控制系统分为变送单元、转换单元、控制单元、运算单元、显示单元、给定单元、执行单元和辅助单元。实现这些单元功能的仪表就对应地称为变送器(传感器)、转换器、控制器(调节器)、显示器、执行器等。根据工作基础形式的不同,这些仪表可分为电动单元组合仪表(DDZ)和气动单元组合仪表(QDZ)两大类。DDZ 仪表的信号传输、放大、变换、处理都比 QDZ 仪表方便,且便于传输,容易和微机相连,是目前应用比较广泛的控制仪表。迄今为止,电动单元组合仪表经过了三个阶段的发展,即 DDZ-Ⅰ型、DDZ-Ⅱ型和DDZ-Ⅲ型。本节主要介绍 DDZ-Ⅲ型仪表。

3.4.1　电动调节器

调节器是调节单元的主要仪表,是控制系统的核心部分。调节器接受来自检测单元的信号,将其与设定的值(给定值)进行比较,并对比较得到的偏差进行比例、积分和微分运算,然后输出一个标准控制信号给执行器,从而实现被调参数的自动控制。如前所述,调节器作为控制仪表的一部分,也经历了三代发展,本节主要介绍 DDZ-Ⅲ型调节器。

DDZ-Ⅲ型调节器有两种基本类型,即全刻度指示调节器和偏差指示调节器。这两种类型的调节器除指示电路有所不同外,其他的结构和线路基本相同。图 3-62 为全刻度指示调节器的结构框图和线路原理图。

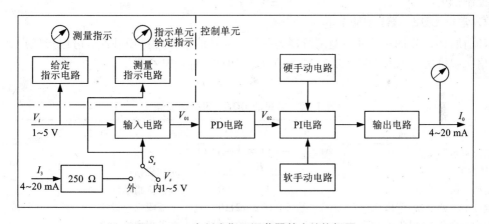

图 3-62　全刻度指示调节器基本结构框图

从图中可知,调节器由控制单元和指示单元组成。控制单元包括输入电路、比例微分(PD)电路、比例积分(PI)电路、输出电路、软手动电路和硬手动电路等。指示单元包括测量信号指示电路和给定信号指示电路。

1. DDZ-Ⅲ型调节器的特点及主要技术性能

DDZ-Ⅲ型调节器具有以下特点。

①采用了高增益、高输入阻抗的集成运算放大器,简化了电路结构,可靠性和其他各项电路指标也都有所提高。

②自动和软手动操作之间的双向切换平衡无扰动。

③保持特性良好,当调节器由自动切换到软手动挡而未进行操作时,调节器的输出信号可以长时间基本保持不变。

④串联实现 PID 运算,减小了干扰系数,使积分增益和微分增益都与比例增益无关。

⑤在基型调节器的基础上,易于构成各种特种调节器;还易于在基型调节器的基础上附加某些单元,如输入报警、偏差报警、输出限幅等等。同时还便于构成与计算机连接的调节器,如 SPC 系统用调节器和 DDC 备用调节器等。

DDZ‒III 型全刻度指示调节器的主要性能指标如下:

测量信号	1 ~5V DC;
内给定信号	1 ~5V DC;
外给定信号	4 ~20 mA DC;
测量和给定信号指示精度	±1% ;
输入阻抗的影响	≤满刻度的 0.1% ;
比例度	2% ~500% ;
积分时间	0.01 ~25 min(分两挡);
微分时间	0.04 ~10 min;
输出信号	4 ~20 mA DC;
负载电阻	250 ~750Ω;
输出保持特性	‒0.1% /h;
控制精度	< ±0.5% ;

2. 常见 DDZ‒III 型调节器

如前所述,以 DDZ‒Ⅲ 基型调节器为基础,在功能上作改进或补充,可以形成一系列不同规格、不同功能的调节器,表 3‒2 为常见的 DDZ‒Ⅲ 型调节器。

表 3‒2　常见的 DDZ‒Ⅲ型调节器

名　称	型号规格	附　加　功　能
全刻度指示调节器	DTZ‒2100	模拟表指示型
全刻度指示调节器	DTZ‒2100M	光柱表指示型
偏差指示调节器	DTZ‒2200	模拟表指示型
全刻度指示调节器(带报警)	DTZ‒2110	上下限报警设定
偏差指示调节器(带报警)	DTZ‒2210	上下限报警设定
方根指示调节器	DTZ‒2300	被测量值开方并指示
方根报警指示调节器	DTZ‒2310	带报警
全前馈调节器	DTQ‒2100	模拟表指示型带前馈功能
前馈调节器	DTQ‒2100M	光柱指示型带前馈功能
抗积分饱和调节器	DTA‒2100	模拟表指示型带抗积分饱和功能
抗积分饱和调节器	DTA‒2100M	光柱表指示型带抗积分饱和功能

3.4.2 电动执行器

执行器包括两个部分，即执行机构和调节机构，执行机构接受从调节器来的控制信号，使调节机构产生相应变化，改变调节变量，从而实现对被调量自动控制。对于电动调节器而言，执行器接受电动调节器输出的 4～20 mA 电流信号，并将其转换为相应的角位移或直行程位移，并操纵调节机构改变相关变量。

电动执行机构可分为直行程和角行程两大类。角行程又可分为单转式和多转式，单转式的角位移一般小于 360°，而多转式角位移一般大于 360°，可达数圈。

电动执行器的外形及组成结构如图 3-63 所示。图中上半部分为执行机构，它根据调节器的输出信号的大小产生相应的推动力 F（或力矩 M）和位移（直线位移 l 或角位移 θ），推动调节机构动作；下半部分为调节机构，如控制流量用的阀门，阀门受执行机构的控制，变化开度以实现流量控制。

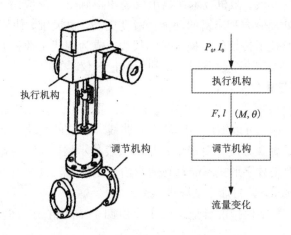

图 3-63 电动执行器的外形及组成结构

电动执行器一般还配备一些辅助装置，如阀门定位器和手动操作机构等。阀门定位器通过反馈阀门的位置来改善执行器的性能，使其控制得更为准确。手动操作机构则是为了在自动控制系统失灵时，采用人工操作阀门。

3.4.3 传感器

传感器的选型应注意以下几方面的因素：

①测量对象的性质　包括被检测工艺参数、测量范围、最大输入信号值、频带宽度、工作时间和精度、灵敏度等指标要求。

②传感器的特性　包括精度、误差、量程、灵敏度、频响范围、可靠性、稳定性、外形材质、安装方式、抗振、防爆和防腐等性能参数。

③测量环境　包括温度、湿度、腐蚀性、安全防爆、振动等环境参数等、所需功率容量等。

④购买与维护　主要是性价比和售后服务。

以上是传感器选择的基本注意事项，实际操作时应根据具体情况有所侧重。例如，在浮选作业中使用的传感器一般要求具有耐腐蚀性；用于控制液位的传感器就要求灵敏度较高；而破碎工段的传感器要求抗振性能比较好。同时，安装方式以及信号的传输（就地控制或是信号远传，以及与其他控制单元的信号传输要求等）也是需要考虑的。

3.4.4　显示仪表

显示仪表是自动控制系统的重要组成部分，负责将被控参数的变化情况显示并记录下来，以便操作人员及时了解控制系统的变化情况和被控参数的状态，为系统控制、性能分析和故障分析等提供依据。

传统的显示仪表是通过机械结构实现指示的，包括开环和闭环两种模式。闭环式主要应用在动圈式指示仪表中，而开环式多应用于带自动平衡的显示仪表中。自动平衡原理的有电位差计式、电桥式和差动变压器式几种。

随着计算机技术的发展，微机技术在显示仪表中得到了广泛应用，因而使现代显示仪表具有非常强大的数据处理能力和丰富的功能，精度更高、更灵敏、使用更加方便。现代显示仪表基本上已经完全取代了传统的机械式显示仪表，成为现代工业控制系统的主流，下面简要介绍数字模拟混合记录仪、全数字记录仪和无纸记录仪。

1. 数字模拟混合记录仪

传统的模拟显示仪表由于采用机械式显示和记录，显示和记录精度不高，但是利用单笔、多笔或打点轮流打印，可以输出连续的记录曲线。参数的变化趋势以及参数间的比较可以从曲线中直接读出，直观方便。而数字式显示仪表显示精度高，通过打印机可以输出数字形式的参数检测值，但是数字形式不能直观地判断变化趋势。数字模拟混合记录仪集成了二者的优点，采用数字显示，并打印出变化曲线。

如图 3-64 所示，数字模拟混合记录仪主要由四个单元组成，即输入、输出、记录和微机单元。

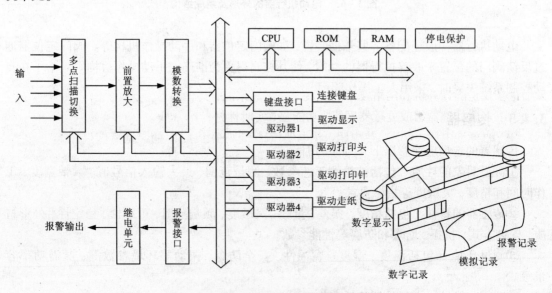

图 3-64　数字模拟混合记录仪的结构框图

输入单元由多点扫描切换模块、前置放大器和模数转换器（ADC）组成。多点扫描切换模块根据微机程序的设定负责将不同检测点的采集信号分通道输入，经前置放大器放大后输送到模数转换器，模数转换器将模拟信号转换为数字信号并传输到记录单元进行显示和记录。

输出单元功能较为简单，主要实现故障报警信号的显示和外传。

记录单元包括数字显示、数字记录、曲线记录和报警记录等。不同功能由不同的驱动器驱动，采用数字和模拟两种方式实现数据的显示和记录。

微机单元是系统的核心部分，由 CPU、ROM、RAM 和停电保护模块组成。CPU 一般选用单片机，负责完成仪表的数据采集、计算、管理、记录以及系统的故障诊断和报警功能；ROM 用于存储系统程序，RAM 用于存储各种数据，而停电保护模块实现意外断电时系统的持续供电，以保证测量过程中重要数据的存储。

此外，通过键盘输入还可以实现多种功能设定，如时钟、量程、报警上下限、走纸速度和扫描速度等。

数字模拟混合记录仪实现了检测数据的精确显示和直观的曲线记录，使用方便。但是由于保留了传统的机械式曲线记录方式，难以适应快速记录，因此不能用于快速变化的参数的检测和记录。

2. 全数字记录仪

数字模拟混合记录仪由于采用传统的机械式曲线记录，必然难以达到较高的精度，为解决这个问题，全数字记录仪采用打印机打印曲线，实现了整机的数字化，提高了记录精度，同时还保留曲线的直观性。

全数字记录仪是以数字模拟混合记录仪为基础发展而来的，其输入、输出以及微机单元的组成和混合记录仪类似。但在记录单元，全数字记录仪没有机械结构，所有记录数据全部由打印机完成。图 3-65 是全数字记录仪的结构简图。

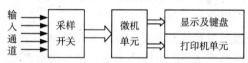

图 3-65 全数字记录仪结构简图

3. 无纸记录仪

传统的有纸记录仪在使用中需要耗费大量的墨、纸等消耗品，而且存在记录仪卡纸、墨水泄漏、机械结构复杂、维护成本高、功能有限等种种缺陷，已经逐步被无纸记录仪所取代。无纸记录仪是随计算机和网络技术的发展而发展起来的，具有以下特点：

①以多微处理器组成处理器网络，功能强、实时性好；

②可对标准电压、电流、热电阻、热电偶信号实现通用输入，使装调简化；

③强大的多通道数据采集可同时采集数百个采样点的数据；

④采用先进的 A/D 技术和自校正技术，提高了自动抗漂移的能力，对恶劣环境中的各种干扰进行了有效地滤除；

⑤运用带掉电保护的大容量 RAM 和 CF 存储卡相结合，解决了近期数据的查阅和长期数据保存的矛盾；

⑥采用液晶显示屏（LCD），扩大了显示信息；

⑦具有友好的人机界面，有工程量显示、棒图显示、曲线显示等多幅画面显示功能，便于查阅；

⑧集成了各种功能的扩展通讯接口，与 PC 机实现数据通讯及上位机组态，还可外接微型串行打印机打印各通道数据及实时报警状态；

⑨可通过 PC 机与因特网相连接，数据的传输、查看更加方便快捷；

⑩利用优秀的管理软件，可以方便地比较实时信息，查阅历史信息；

无纸记录仪功能强大，使用便捷，在现代工业控制系统中应用越来越广泛。

3.5 矿物加工过程主要自动控制系统介绍

3.5.1 破碎过程自动控制

矿物加工的破碎过程是物料块度变小的过程，是矿物加工的第一个阶段。破碎过程是一个非常复杂的物料块尺寸变化过程，它与物料抗压强度、硬度、韧性、形伏、尺寸、湿度、密度、均匀性、物料块群在破碎瞬间相互作用及分布情况等因素有关。

由于破碎过程的复杂性，要对破碎过程中的工艺参数实现精确检测与控制是比较困难的。破碎过程控制主要是调节破碎机的给矿量和排矿口的大小，以保持粗碎、中碎、细碎之间的负荷均衡和生产的连续性，提高整个破碎作业的效率，降低最终产品粒度及提高产品合格率、降低能耗，提高经济效益。多段破碎控制是一个复杂的控制系统，它还包括辅助设备的联锁与控制，首先采用单级破碎机组的自动控制系统，在此基础上实现整个破碎系统控制。国内外对破碎机控制虽有较多介绍，如电功率、单位电耗、矿仓的料位等控制。实际上，以破碎机负荷控制为多。

破碎过程控制系统，可以采用常规仪表控制系统，也可以采用计算机控制系统。由于破碎过程滞后大，矿石性质多变，把摸糊控制器(Fuzzy Controler)引入破碎机自动控制系统中，能取得较满意的效果。

破碎作业的连续性要求各设备之间的启、停要有一定的操作顺序，否则将会引起破碎流程堵塞而中断生产，甚至引起严重的设备事故。因此，为了对破碎作业中各设备之间进行联锁控制，应设计相应的逻辑控制系统。它可以采用继电器、磁性元件、半导体等逻辑器件构成的逻辑控制系统。但因这些逻辑器件抗干扰能力低、稳定性差，易损坏等，现已被可编程控制器等更可靠的控制器取代。可编程控制器克服了上述逻辑器件的缺点，而且应用灵活方便、运行可靠。对于不同的应用，在硬件上无需大的改动，主要是修改编程软件，使用起来很方便。

顺序控制器应满足如下要求：

①各台设备必须按工艺过程规定的顺序，以一定的时间间隔相继启动。设备启动顺序与矿料运行方向相反。

②各台设备既可单独启动，又可成组启动。

③停止破碎生产时，停车的顺序与启动的顺序相反。

④当碎矿系统中某一台设备被迫停车时，所有供给该设备矿料的其他设备也必须停车，它的后续设备可以不停车。

⑤为改善现场环境，除尘设备应先启动。系统停车时，除尘设备要最后停车。

如图 3-66 所示三段破碎工艺流程的开机过程，可依下列顺序启动：$5^{\#}$ 皮带机→$4^{\#}$ 皮带机→振动筛→2[#]皮带机→3[#]皮带机→细碎机→中碎机→1[#]皮带机→粗碎机→给矿机。每个环节还应提供所需的间隔时间。

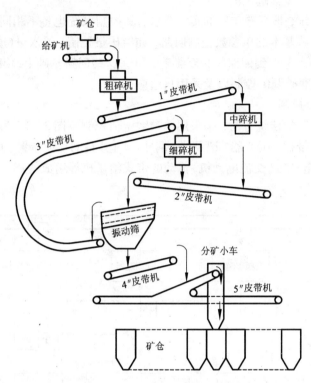

图 3－66 三段破碎工艺设备联系图

停机过程：给矿机→粗碎机→1[#]皮带机→中碎机→细碎机、振动筛、2[#]、3[#]皮带机→4[#]皮带机→5[#]皮带机。

卸矿小车自动控制：把皮带机输送至矿仓的矿石，用卸矿小车分配给各个矿仓。为防止矿石在矿仓内产生粒度离析现象，确保下面破碎机、磨矿机给矿粒度均匀。通常按矿仓个数定点定时和先后次序进行自动控制。此系统是顺序控制系统的组成部分。

其他设备的联锁控制：如原矿仓的矿石料位达到最低限时，为留存少量矿石以保护给矿机免受矿石直接碰撞，应停止给矿机出矿等。

3.5.2 磨矿－分级过程自动控制系统

磨矿－分级自动控制的主要任务，是使磨矿－分级在稳定或最佳状态下工作，充分提高磨矿和分级的效率，保证溢流产品质量。

在磨矿机与螺旋分级机构成的闭路磨矿中，从给矿到分级产品的过程具有较大的滞后。磨矿机衬板磨损又改变了磨机有效容积和有效功率，钢球磨损量与钢球补加量、钢球配比比例失调，螺旋分级机螺旋片的磨损等，都会改变磨矿分级的特性和对控制系统的要求，表明被控对象具有时变特性。这种被控对象还具有非线性特性，例如，磨矿效率与钢球充填率间有最大值的非线性关系。磨矿过程受多种参数的制约，有些参数是不可控、不可测的，矿石的硬度还没有有效的过程检测手段等。因此，要针对这种对象特征来设计相应的控制策略。这里所介绍的实例着重于控制策略方面，对自动控制装置的选用，应满足控制系统设计要求和控制装置本身的发展及其选用的可能性。

磨矿过程控制系统，根据选矿厂的实际要求，其控制系统也各不相同。它可以按主要被控量和控制量分为一些基本的单参数控制回路，如给矿量控制，给水量（磨矿浓度）控制和溢流浓度或粒度控制等。考虑到回路间相互影响，可在这些回路基础上，组成磨矿过程多参数综合控制系统，二段磨矿调值控制以及采用自适应最优化控制等。

1. 磨矿机给矿量控制

球磨机给矿量控制的传统方法，是采用单参数定值控制。图3-67为球磨机给矿定值控制系统框图。它由皮带秤、调节器、记录仪、漏斗（矿仓）自动切换装置、可控硅调速器（变频调速器）和三台直流电动机（交流电动机）传动的带式给矿机等组成的。

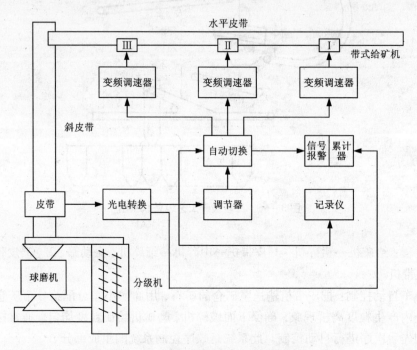

图3-67　磨机定值给矿控制原理框图

操作人员在调节器中设定好给矿量（吨/时），当给矿量发生变化而偏离给定值时，产生了偏差信号，经过调节器的比例、积分、微分运算，调节器的输出自动改变可控硅调速器的直流信号，来调节带式给矿机的速度，使给矿量调整或接近给定值，达到定值给矿的控制目的。控制回路稳定了磨矿机的给矿量，一般可提高磨矿机处理能力3%～5%，保证磨矿产品质量。

磨矿机给矿量的检测，可采用电子皮带秤。

该控制系统有三台带式给矿机，工作时只用其中的一台供矿。当某供矿矿仓漏斗无矿时，皮带秤输出零信号，经自动切换装置的逻辑和时间判断，使无矿漏斗的给矿机停机，并开动有矿漏斗的给矿机，实现给矿机的自动切换，保证向磨矿机连续供矿。当各矿仓都无矿或漏斗堵塞时，皮带秤输出都是无矿量信号，系统自动停止给矿机并发出报警信号。

给矿量的对象特性，近似于纯滞后一阶惯性环节，过程反应较慢。通常采用 PID 调节算法就能满足控制的要求，调节器的 PID 参数可用经验法确定。但是三台给矿机位置不同，致使对象的纯滞后时间不同，调节器的一组 PID 参数必须都能满足不同纯滞后的要求，以获得最佳的过渡过程。

这个控制系统用单元组合仪表来实现，也可以用计算机实现。

2. 磨矿浓度前馈控制

在磨矿机与螺旋分级机闭路磨矿中，磨矿机的磨矿浓度自动检测是不容易实现的。为了满足工艺要求磨矿的浓度，通常采用前馈控制。其控制系统方框图如图 3–68 所示。系统中采用微处理机进行回归分析，建立前馈控制的数学模型，计算出每个时刻的球磨机加水量的给定值，它与电磁流量计测得新给水流量信号比较，其偏差经过调节器运算自动调节阀门开度，实现该给定值所要求的加水量。反馈回路在控制过程中能自动地消除由于供水管道中的水压波动对给水量所引起的干扰。

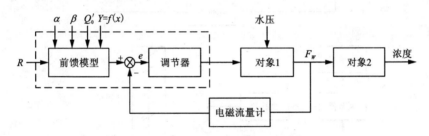

图 3–68　磨矿浓度前馈控制系统

系统的主要干扰因素是磨矿机给矿量 Q_0' 为含水分的矿量（吨/时），分级机返砂（干矿）量 Y（吨/时），原矿水分 α（%），返砂的液固比 β，其调节参数是球磨机加水量 F_W（米³/时），被调参数是球磨机内矿浆液固比 R。

给矿量信号取自电子皮带秤，返砂量信号是采用 YBG — 3 有功功率变送器来测量螺旋分级机电动机的功率，以此代表螺旋轴功率，作为返砂量信号，电机功率和返砂量根据取样实测的数据进行回归分析。经过变换和计算得到返砂量（Y）和电机功率（x）之间的函数关系：

$$Y = a + bx \tag{3–47}$$

返砂量用三点取样法测定，并由方差分析确定，如某矿的 $b = 2.13$，$a = -52.87$，其函数关系为

$$Y = -52.87 + 2.13x \tag{3–48}$$

用直接称量返砂量的方法确定返砂量与电动机功率函数关系，其表示式为

$$Y = -102.39 + 2.05x \tag{3–49}$$

用上述两种情况分别算出的返砂量数据都能代表实际返砂量，且误差小于 4%。

球磨机的加水量，应根据球磨机的总给矿量成比例地添加，并扣除给矿和返砂中所含水量。根据物料平衡方程，推导得出的磨矿浓度前馈控制的数学模型为

$$F_W = [R(1-\alpha) - a]Q_0' + [R - \beta][bx + a] \tag{3–50}$$

当系统没有水分测定仪时，α、β 取估计值。

根据此模型进行工业连续运行表明，在原矿处理量阶跃增量30%时，磨矿浓度仍能保持在给定值附近。给水对象特性一般反应较快，有噪声，可选用比例、积分调节规律，以克服水压波动的干扰。

3. 溢流浓度定值控制

在磨矿分级闭路流程中，控制分级溢流产品的粒度主要是通过控制分级机溢流的矿浆浓度来实现。溢流浓度不仅影响磨矿产品质量，而且还影响选别工艺的指标。因此，溢流浓度是磨矿分级的一个重要控制参数。

分级机溢流浓度有多种控制方式，如浓度定值控制、定值给矿量比例控制等。但经常使用的是浓度定值控制。以浓度为被调量，添加水量为调节变量，组成分级机溢流浓度控制系统。其方框图见图3-69(a)，流程图见图3-69(b)。

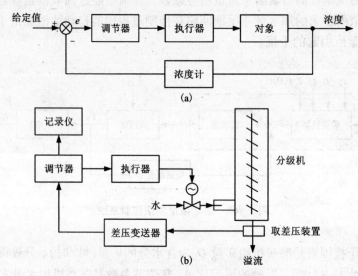

图3-69 分级机溢流浓度控制系统

(a)控制框图；(b)流程图

控制系统采用矿浆静压法，并通过差压变送器来检测矿浆的密度变化。根据矿浆密度与矿浆浓度的关系式转换成浓度值(固体重量百分数)。当实测浓度值偏离浓度给定值时，其偏差经过调节器运算，调节器输出去控制给水调节阀的开度，即增加或减少分级机补加水量，使矿浆浓度值保持在给定值上。浓度的变化由记录仪指示和记录，矿浆浓度的检测还可采用γ射线密度计、重浮子浓度计等，其控制系统大致都一样。

溢流浓度的对象具有多阶惯性环节特性，有较大的滞后，一般可用纯滞后一阶惯性环节来近似处理。由于过程反应较慢，时间常数较大，通常选用PID调节规律基本上能够满足生产的要求。有的系统还采用按给矿量变化，部分地改变溢流浓度，即在浓度定值控制系统中用给矿量来修改给定值。

3.5.3 选别过程控制

选别过程控制包括浮选、重选、磁选等过程参数的自动控制。

浮选过程控制，是按照浮选过程要求的最佳工艺条件和参数进行相应的控制。其目的在于：稳定浮选工艺，实现浮选过程最佳化，获得合格的精矿品位，提高有用矿物的回收率，降低药剂等原材料的消耗，减少废弃物排放和能源消耗，获得最好的技术经济指标等。为此，需对浮选药剂量、矿浆 pH 值、浮选槽液位、浮选机充气量等主要工艺参数进行控制。此外，还有矿浆浓度、矿浆温度、泡沫层厚度、溜槽加水量等工艺参数也可作为被控制参数。

浮选过程控制，在 20 世纪 60 年代就开始采用局部的单回路稳定控制；到了 60 年代末，X 射线荧光分析仪已成为选矿厂自动化的核心设备；从 70 年代开始，在矿物性质变化大的选矿厂采用了多变量控制方法。近年来，由于计算机进入浮选过程控制，使得选矿自动化水平有了很大的提高。

重选、磁选、电选、化学选矿及生物选矿，自动控制的应用也越来越多，本节不全面阐述，重点介绍浮选过程控制，供学习者参考。

1. 浮选矿浆 pH 值控制

浮选矿浆 pH 值对浮选指标有很大的影响，矿物通常在适合的 pH 值下，才能充分被浮出或被抑制，相关药剂在适合的 pH 值下，方能发挥其作用。因此，必须对浮选矿浆 pH 值进行自动控制。

pH 值控制通常有两种方法。

（1）定值调节

定值调节使 pH 值保持恒定，这是国内外选厂较为普遍采用的一种方法。图 3-70 所示为矿浆 pH 值自动调节系统，由 PRGF-13 酸度变送器、PHG-21A 型工业酸度计以及电子电位差计、调节器、伺服放大器、执行器等组成。调节阀是开启式分流阀，可随时清理阀中的淤渣，能经常保持石灰乳的畅通。图 3-71 及图 3-72 所示是另一种型式的 pH 值自动调节系统。该系统的特点是在调节系统中采用了采样的时间调节器，使整个调节过程间断地进行，因而克服了因调节对象滞后时间长而产生的超调与振荡现象；采用了石灰乳浓度自动调节，将石灰水的浓度保持恒定。石灰乳的浓度测量采用电导法进行。pH 检测和控制也可采用带微机的 8701 型 pH 检控仪，它具有 pH 检测和控制功能，并带有电极自动清洗装置，更适合于矿浆的 pH 检测和控制。

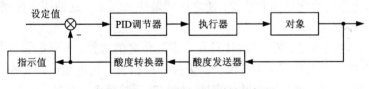

图 3-70　pH 值控制系统结构框图

（2）跟踪矿石性质的变化及时调节 pH 值

跟踪矿石性质的变化及时调节 pH 值，以获得较好的浮选指标。如在铜镍混合浮选的过程中利用调节 pH 值来取得最大的回收率。系统中采用一种以统计学上的"尝试法"为基础的调优运算法（EVOP），以寻求最佳运行点。它通过分时计算机控制程序，随着一个预定的统计摸型自动地改变 pH 的给定值，使浮选过程进入一个新的稳定运行状态，然后利用在线 X 射线分析仪分析原、精、尾矿的品位，并计算出回收率，将其与以前的回收率进行比较以确

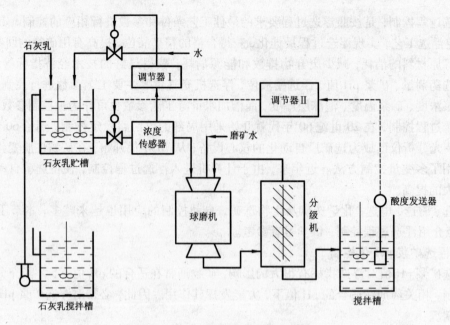

图 3−71　pH 值控制系统流程图

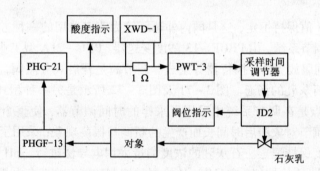

图 3−72　pH 值控制系统结构框图

定下一步 pH 给定值的变化方向和数值，使之达到最佳回收率。这种探索过程是不断进行的，通常是每 6 分钟一次。

　　在装设 pH 控制系统时，要注意 pH 计探头安装位置的选择，不要把它装在过于靠近添加石灰的地方使石灰乳尚未与矿浆充分混合就为探头所检测，也不能使两者相距太远，增加调节对象的滞后时间。应考虑检测点的代表性，使它能反映整个对象的 pH 值。

2. 浮选加药量控制

　　浮选过程中的加药量直接影响浮选指标。加药量控制仍然是大多数浮选厂用以控制浮选过程的主要控制量。调节浮选作业的加药量，目的是为了捕收更多的有用矿物，抑制无用矿物，这是保证浮选指标的一个重要途径。另一方面，药剂量容易实现控制，控制方法简单。这里介绍两种浮选药剂量控制的方法。一种是采用微机加药机实现定量加药。另一种是采用载流分析仪（或半在线分析仪），通过测量原矿特性计算出相应的加药量，并进行控制。

　　（1）按原矿的给矿量比例控制加药量

按原矿的给矿量比例控制加药量，是一种最简单的控制方式，如图3-73所示。

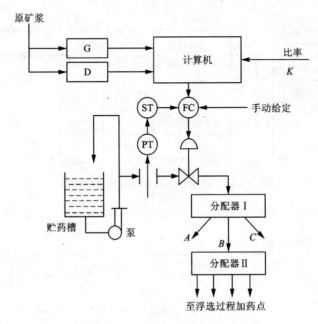

图3-73 按给矿量控制加药量流程图

G—矿浆流量计；D—矿浆浓度计；PT—差压变送器；ST—开方器；FC—流量调节器

计算机将原矿矿浆的流量和浓度信号换算成原矿干矿量，再根据干矿量与药剂预定的比值（每吨矿石的加药量）算出所需要的药剂用量，作为药剂流量调节器的给定值，通过调节器对药剂进行调节。采用这种控制方式需将药剂浓度保持恒定，否则要进行浓度补偿。贮药槽的液位与药剂循环回路的压力也需要保持稳定。给矿量的信号可直接来自给矿皮带秤的输出，如图3-73所示。

（2）按原矿的金属量比例控制加药量

对于捕收剂这样的药剂，其添加药量不但与给矿量有关，而且与原矿中金属（被捕收矿物）含量有关。因此，一般多采用按原矿的金属量比例来控制加药量，如图3-74所示。其中给药比值（每吨金属量的加药量）可以手动给定，也可以根据原矿品位和矿量，按一定关系给入。

3. 浮选槽液位控制

利用浮选槽液位来控制浮选指标。浮选过程中精矿泡沫的上部品位最高，越向下则品位越低。这样，当浮选槽矿浆液位升高时，泡沫刮出量增多，回收率提高，但精矿品位下降，尾矿品位也下降。因此，可以通过浮选槽液位的调节来控制浮选指标。图3-75所示的是利用浮选槽液位来控制尾矿品位的流程图。该系统中采用反馈控制，将X射线荧光分析仪所测得的尾矿品位与给定的尾矿品位相比较，其差值按算法（Ⅰ）计算出所需要的槽液位变化量，控制尾矿阀，以控制液位和要求的尾矿品位。这里，若以精矿品位代替尾矿品位参数和相应的算法（Ⅰ），本系统也可实现精矿品位控制。

浮选槽液位的检测，多采用浮标式液位计或吹气式液位计。浮标表面涂以涂料，把它安

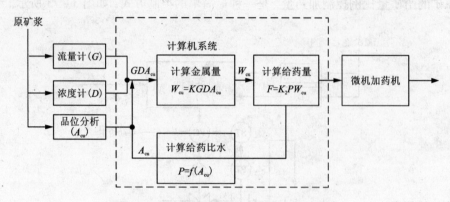

图 3-74　按原矿金属最控制药量的框图

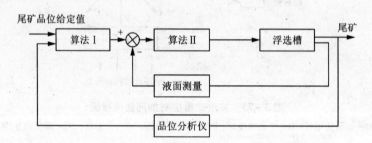

图 3-75　利用浮选槽液位控制尾矿品位框图

放在一个圆筒内以减少槽内液位波动对浮标的影响,最好具有喷水清洗装置。

3.5.4　浓密机底流的浓度自动控制

脱水是湿式矿物加工必不可少的工序。脱水有精矿脱水、尾矿脱水、洗矿脱水等。精矿脱水能精确控制精矿水分;尾矿脱水是为了减少排出量,降低能耗,增加循环用水量。

脱水过程包括浓缩、过滤和干燥三个主要阶段。浓缩是为了提高过滤效率,干燥是为了进一步降低物料水分。

下面重点介绍精矿脱水控制,举例说明浓密机底流排矿的浓度控制,其控制策略供读者参考。

在生产中,浓密机底流的浓度波动大,人工难以精确操纵,直接影响工艺指标。采用浓密机底流浓度自动控制系统,实现了对浓密机底流矿浆浓度的自动检测,通过底流流量的自动调节,实现底流浓度在给定范围内的自动控制,达到了稳定生产流程、提高生产效率的目的。

1. 控制方案

根据工艺对系统控制指标的要求,采用模拟人工调整的方法,在砂泵出口的管道上分别安装一台浓度计和电动调节阀,通过底流矿浆浓度的检测,自动调节电动调节阀的开启度,以改变底流流量,使矿浆浓度稳定在某一个给定的范围内。

2．系统配置与控制原理

系统配置由浓度检测、底流流量调节和执行器等组成。系统配置见图 3 – 76。底流浓度检测由安装在砂泵出口管道上的 FD – 3 型 γ 射线浓度计来完成。

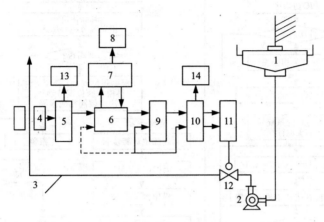

图 3 – 76　系统配置示意图

1—φ30 m 浓缩池；2—φ102 mm 砂泵；3—φ152.4 mm 矿浆管道；4—FD – 3 型浓度计探头；
5—浓度计主机；6—A/D – D/A 转换器；7—TP – 801 单板机；8—TP – 801P 打印机；9—FC 伺服放大器；
10—DFD – 09 电动操作器；11—DKZ – 510 电动执行器；12—φ152.4 mm 胶管阀；13—浓度指示表；14—阀位指示表

底流流量调节由安装在砂泵出口管道上的 ZSX – BS 型 152.4 毫米(6 英寸)胶管阀、FC 伺服放大器、交流伺服电机和位置发送器的 DKZ – 510 直行程电动执行器进行。除调节胶管阀外，还采用 DFD – 09 型电动操作器，实现手动与自动运行的转换。

系统控制原理如下：首先由浓度计实测底流矿浆的浓度值，输出一个反映浓度值大小的电流信号，此信号一方面由电流表指示，另一方面经 A/D 转换，输入到计算机进行处理。实测浓度值在计算机内与给定浓度值进行比较、判断。若浓度值大于给定值，计算机通过 D/A 转换后输出的调节作用信号相应增大，进行开阀调节。反之，调节信号相应减小，进行关阀调节。阀门开度的大小，取决于调节信号增(减)量的大小，而当浓度值恰好在给定值时，调节信号不变，阀门不予调节，保持现在状态。这样就实现了胶管阀的自动调节。程序框图如图 3 – 77 所示。

3.6　现代控制理论简介

3.6.1　概述

1．现代控制理论的产生和发展

通常将控制理论分为经典控制理论与现代控制理论两个部分，随着科学技术的飞速发展，到 20 世纪 50 年代末至 60 年代初，核能、电子数字计算机以及空间技术的出现和发展，对控制系统提出了高速度、高精度的要求，并出现了许多大型复杂的控制问题，例如多输入多输出系统、高速度高精度系统、非线性系统及参数时变系统的分析与控制器设计问题，这时经典控制理论的局限性就明显地暴露出来了，现代控制理论的发展满足了技术和控制领域

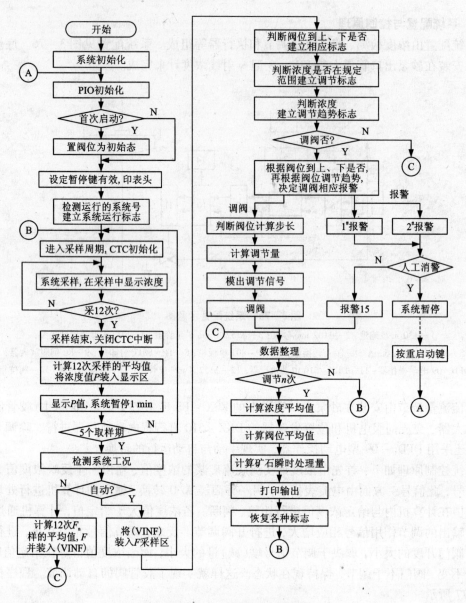

图 3 - 77　控制程序方框图

对控制理论变革的需要，而且也给现代控制理论的发展准备了两个重要的条件，现代数学和数字计算机。

现代数学如泛函分析、线性代数等，为现代控制理论提供了多种分析工具。而计算机技术的发展更具有决定性的作用，可以说控制理论与控制技术是和数字计算机技术平行发展起来的。

20 世纪 50 年代后期，贝尔曼（Bellman）等人提出了使用状态空间法，1960 年卡尔曼（Kalman）在控制系统的研究中成功地应用了状态空间法，并提出了可控性与可观测性的新概念。由于采用了状态空间法，这就为在时间域内对各种诸如非线性、时变系统、多变量系统进行研究提供了工具，并且便于实现最优控制与实时控制。

现代控制理论的内容很广泛，它仍在不断地发展，它包括了以下几个方面的内容：线性系统分析、系统的稳定性、极大值原理与最优控制、卡尔曼滤波和系统辨识等。

20 世纪 60 年代中期，现代控制理论在自动化中的应用，特别是在航空航天领域的应用，产生了一些新的控制方法和结构，如自适应和随机控制、系统辨识、微分对策、分布参数系统等。与此同时，模式识别和人工智能也发展起来，出现了智能机器人和专家系统。现代控制理论和电子计算机在工业生产中的应用，使生产过程控制和管理向综合最优化方向发展。

20 世纪 70 年代中期，自动化的应用开始面向大规模、复杂的系统，如大型电力系统、交通运输系统、钢铁联合企业、国民经济系统等。它不仅要求对现有系统进行最优控制和管理，而且还要求对未来系统进行最优策划和设计，运用现代控制理论方法已不能取得应有的成效，于是出现了大系统理论与方法。20 世纪 80 年代初，随着计算机网络的迅速发展，管理自动化取得较大进步，出现了管理信息系统、办公自动化、决策支持系统。与此同时，人类开始综合利用传感技术、通信技术、计算机、系统控制和人工智能等新技术和新方法来解决所面临的工厂自动化、办公自动化、医疗自动化、农业自动化以及各种复杂的社会经济问题。研制出了柔性制造系统、决策支持系统、智能机器人和专家系统等高级自动化系统。

控制方法及策略是过程自动化的灵魂。20 世纪末以来，自动控制理论和方法的主要发展方向是人工智能技术的应用。过程自动化控制方法已从传统经典控制（包括 PID 控制、比值控制、串级控制、前馈控制等）发展到了最优控制、自适应与自整定控制、自学习控制、非线性控制、多级递阶智能控制、专家控制、模糊逻辑控制、神经网络控制、仿人智能控制、基于模式识别的智能控制、多模变结构智能控制、混沌控制、鲁棒控制及基于可拓逻辑的智能控制等。例如，大型发电机组作为过程控制对象十分复杂，发电过程存在着大延迟、强耦合、本质非线性和大量的未知干扰，使得锅炉燃烧过程控制、磨煤机控制、大范围变工况时的过热汽温及再热汽温的控制等等，用传统控制策略难于解决，因而国内外对发电过程控制策略进行了深入研究，目前许多先进控制理论和方法已逐渐开始在过程控制中应用。如 ABB 和 SULZER 公司建立了带状态观察器的 SCO 数学模型用于对主蒸汽和再热蒸汽的温度控制；西门子公司建立了凝结水节流的 COT(controlled Condensate Throttling)数学模型、采用模糊算法的 NUC(New coordinated Unit Control)等，针对不同发电机组、不同运行工况研究出各种优化控制方案，已在国内发电厂的应用中取得明显的效果。又如德国 KruppHoesch 钢铁公司的 Westfaien 钢厂应用神经网络改进数学模型取得显著的经济效益，所制造的产品尺寸偏差减少 12%。此外，许多自动化产品供应商也相继推出了商业化的智能控制器，如 CyboSoft 推出的无模型自适应(MFA)控制器 Cybocon 和 Cybocon CE，针对不同过程可采用相应的算法（标准法、反时滞算法、非线性 MFA 算法、鲁棒 MFA 算法）等，可在相当程度上改进过程控制的效果。从控制目标出发，综合运用各种控制方法是构成先进控制系统的有效途径。

自动化技术的发展历史是一部人类以自己的聪明才智延伸和扩展器官功能的历史，自动化是现代科学技术和现代工业的结晶，它的发展充分体现了科学技术的综合作用。

2. 经典控制理论的局限性及现代控制理论的优越性

经典控制理论是建立在系统输入和输出的传递函数上，而现代控制理论则建立在系统的状态和状态分析基础上。控制系统的状态空间分析不仅给出有关系统输入、输出关系的信息，而且还给出系统内部所有状态变量的信息。因此对系统来说，状态空间分析是一种更全面描述系统性能的方法。

（1）经典控制理论的局限性

经典控制理论的局限性主要表现在：

①经典控制理论只适用于单输入－单输出的线性定常系统的研究。经典控制理论的研究方法是传递函数法，它只适用于单输入－单输出系统。经典控制理论本质上是一种频率法，要靠各个频率分量描述信号，也就是说只限于线性定常系统才能使用频率法，否则就不能用迭加原理进行分析。因此经典控制理论只局限于对简单的单输入－单输出的线性定常系统进行分析和设计。

②经典控制理论很难实现实时控制。经典控制理论是以传递函数法为基础的，是在复数域或频率域内对控制系统进行研究，这就限制了对整个过程在时间域内进行控制的能力，因此难以实现实时控制。

③经典控制理论很难实现最优控制。由于经典控制理论的设计方法是建立在试探法的基础上，满足给定品质指标的设计方案可以有多个，设计的优劣在很大程度上取决于设计人员的经验。因此很难设计出品质指标最优的控制系统。

由于经典控制理论的上述局限性，随着科学技术的发展，控制系统的复杂性及对其性能的要求也愈来愈高，经典控制理论的局限性也愈来愈突出。以状态空间法为基础的现代控制理论克服了经典控制理论的局限性，使控制理论的发展达到了一个新阶段。

（2）现代控制理论的优越性

现代控制理论的优越性主要表现在：

①现代控制理论适用于多输入－多输出的复杂系统研究。由于现代控制理论采用了状态空间法，因此所研究的系统可以是单输入－单输出的，也可以是多输入－多输出的；可以是线性的，也可以是非线性的；可以是定常的，也可以是时变的；可以是集中参数的，也可以是分布参数的；可以是连续型的，也可以是离散型的。状态空间法的实质就是将系统的运动方程写成一阶微分方程组的形式，进而将一阶微分方程组写成矩阵方程。因而简化了数学符号，方便了运算。

②现代控制理论具有实现实时控制的能力。现代控制理论研究是在时间域内进行的，这就允许对整个过程在时间域内进行实时控制，计算机的微型化与高速化在客观上提供了这种可能性。

③现代控制理论具有实现最优控制的能力。由于采用了状态空间法，现代控制理论有利于设计人员根据给定的性能指标设计出最优控制系统。

由于现代控制理论具有上述的突出特点，所以它不但在国防工业尖端部门，而且也在其他工业生产的一些部门获得了迅速的发展和应用。

应该指出，尽管现代控制理论有很多优点，但经典控制理论也有其长处。例如频率法的物理意义就很直观、很实用，尤其是在研究控制系统中各式各样的振动问题时，频率分析法能给出明确的概念和结果。经典控制理论与现代控制理论同为控制理论学科的两个组成部分，两者是相辅相成的。掌握经典控制理论是学习和应用现代控制理论的基础。

（3）现代控制理论的五个分支

①线性系统理论　线性系统理论是现代控制理论的基础，也是现代控制理论中理论最完善、技术上较成熟、应用也是最广泛的部分。该理论主要研究线性系统在输入作用下状态运动过程的规律和改变这些规律的可能性与措施；建立和揭示系统的结构性质、动态行为和性

能之间的关系。线性系统理论主要包括系统的状态空间描述、能控性、能观测性和稳定性分析、状态反馈、状态观测器及补偿的理论和设计方法等内容。

②建模和系统辨识　建立动态系统状态空间模型，使其能正确反映系统输入、输出之间的基本关系，是对系统进行分析和控制的出发点。由于系统比较复杂，往往不能通过解析的方法直接建模，而主要是在系统输入输出的试验数据或运行数据的基础上，从一类给定的模型中确定一个与被研究系统本质特征等价的模型。如果模型的结构已经确定，只需要确定其参数，就是参数估计问题。若模型的结构和参数需同时确定，就是系统辨识问题。

③最优滤波理论　最优滤波理论亦称为最佳估计理论。当系统受到环境或负载干扰时，其不确定性可以用概率和统计的方法进行描述和处理。也就是在系统数学模型已经建立的基础上，利用被噪声污染的系统输入输出的量测数据，通过统计方法获得有用信号的最优估计。经典的维纳滤波理论阐述的是对平稳随机过程按均方意义的最佳滤波，而现代的卡尔曼滤波理论用状态空间法设计最佳滤波器，克服了前者的局限性，适用于非平稳过程，并在很多领域中得到广泛应用，成为现代控制理论的基石。

④最优控制　最优控制是在给定限制条件和性能指标(即评价函数或目标函数)下，寻找使系统性能在一定意义下为最优的控制规律。所谓"限制条件"，即约束条件，指的是物理上对系统所施加的一些约束。而"性能指标"，则是为评价系统在全工作过程中的优劣所规定的标准。所寻求的控制规律就是综合出的最佳控制器。在解决最优控制问题中，除了庞特里亚金极大值原理和贝尔曼动态规划法是最重要的两种方法外，用各种"广义"梯度描述的优化算法以及动态规划的哈密顿－雅可比－贝尔曼(Hamilton－Jacobi－Bellman)方程求解的新方法正在形成并用于非线性系统的优化控制。

⑤自适应控制　所谓自适应控制，是随时辨识系统的数学模型并按照当前的模型去修正最优控制规律。当被控对象的内部结构和参数以及外部的环境特性和扰动存在不确定时，系统自身能在线量测和处理有关信息，在线相应地修改控制器的结构和参数，以保持系统所要求的最佳性能。自适应控制的两大基本类型是模型参考自适应和自校正控制。近期自适应理论的发展包括广义预测控制、万用镇定器机理、鲁棒稳定的自适应系统以及引入了人工智能技术的自适应控制等。

3.6.2　控制系统的状态空间描述

现代控制理论的研究方法是状态空间法。现代控制理论的分析与设计方法以及整个的理论体系都是建立在状态空间法的基础上的。

现代控制理论主要是在时域中对系统的内部特性进行分析研究。首先是把系统的内部结构分解成基本的组元状态来表达。每个状态的动态特性由一个一阶微分方程来描述，一阶微分方程组就表征了一个系统的动态过程。研究这组状态之间的关系及状态微分方程组的特点，就是现代控制理论的基本内容。系统的输入输出关系即外部特征，可以由内部特性结合系统的输出关系来表达。这种理论在处理多变量系统时较方便，对时变系统，在设计最优控制并且采用计算机作为辅助工具时，更显出了优点。

1. 状态与状态空间

（1）状态空间法的提出

控制的中心问题是研究系统，控制理论实际上可以说是对系统的改进及护理的科学。直观上我们可以把系统看成是一组相互关联的元件，它们在各个输入之下产生一组输出，如钟表机械系统，收音机的电系统，汽车是电－机械－化学系统。更广泛地讨论，如工厂的生产管理系统，医院的医疗系统，人体的生命系统及计算机的信息处理系统等，都是我们熟悉的不同类型的系统。因此，"系统"是包含了当今文化、科学的深邃概念之一。

我们可由图 3-78 对"系统"进行概括，图中表示了有 r 个输入 m 个输出的多输入多输出系统。如果需要表示系统内的局部结构，可以进一步画出子系统的方框，如图 3-79 所示。根据分析及设计的需要，可以画出同一个系统的不同的结构方框图。

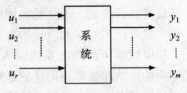

图 3-78　r 输入 m 输出系统图

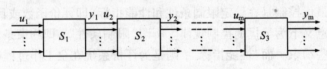

图 3-79　有子系统的方框图

这种结构图是为了表示的方便，确定"系统"的根本问题是建立数学模型。利用数学结构去描述一个系统的实际结构，只能是一种恰当的近似，要获得完全符合实际系统的数学模型几乎是办不到的。因此，应该记住，数学模型仅是实际系统在概念上的表示而已。

为使实际系统的运行符合要求，可以对系统进行改造或者改善输入特点。这样就提出了各种控制问题。因此，"控制"可理解成对系统性能改善的各种方法的统称。可由图 3-80 表示。

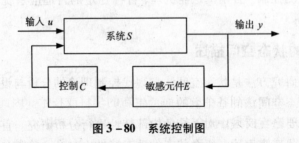

图 3-80　系统控制图

如果对系统的性能提出某种要求，"控制"就是通过执行元件去变动或修正系统的调整部位，或寻求在某个输入下使系统的性能符合要求。系统的特性与输出都同时由观测得到。

这可用图 3-81 来表示，若要对一个系统的观测和控制包含的实际操作作更深入的分析，还应把系统分解成若干个子系统。

据信息和干扰的确定性与随机性，可把控制问题划分为两大类，即确定性控制及随机控制。当系统中的信息传递是依靠连续量或离散量而区别时，系统划分为连续时间系统及离散时间系统。当两者兼而有之，则称为混合控制系统。

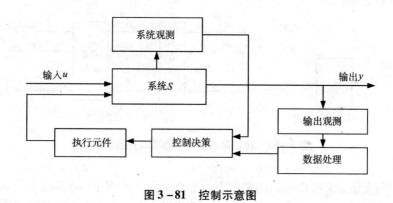

图 3 – 81　控制示意图

确定性控制的典型问题，如图 3 – 82 所示的三种情况。

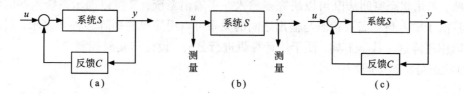

图 3 – 82　控制问题的三种情况

其一是设计控制器 C 以使闭环系统稳定且性能最优，如图 3 – 82(a)所示；

其次是，通过测量到的输入 u、输出 y，确定系统 S 的数学模型，即所谓系统辨识问题，如图 3 – 82(b)所示；

再者，就是不断地测量输入 u 及输出 y，随时辨识系统模型，并按一定准则使系统保持最优状态，即为自适应控制问题，如图 3 – 82(c)所示。

当系统中存在随机干扰时，则上述问题就要作统计问题来处理。因而就复杂得多，如信息的测量要采用信号滤波的办法，即著名的 Kalman 滤波理论，系统的控制也涉及随机控制理论。另外，如控制系统中应用了计算机，则就需要采用相应的离散控制理论。

现代控制理论还包括大系统理论、可靠性理论、智能控制及微分对策理论等，目前还在不断地充实及发展中，并渗透到各个领域而产生新的学科或技术。因此，控制理论将冲破专业范围，变成通用的理论与技术，被众多的人们去掌握、去应用。

在非线性系统中，我们将输出量及其一阶导数取为二个状态变量，构成二维状态空间 - 相平面，来对系统的运动状态进行研究。这就应用了状态空间的概念。

对于高阶的复杂的多输入 - 多输出系统，我们可以将系统的微分方程归结为一阶线性微分方程组。这种方程及其解的形式简单、直观，便于采用矩阵这一数学工具及应用计算机进行分析、设计，进行实时控制。这就是状态空间法的基本思想。

下面通过两个简单的原理方框图来比较经典控制理论的传递函数法与现代控制理论的状态空间法的本质区别，参见图 3 – 83。

图中(a)示出了用传递函数法表示的单输入 u 与单输出 y 之间的关系，其中传递函数

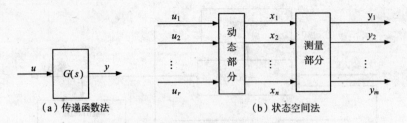

图 3 – 83　传递函数法与状态空间法的比较

$G(s)$ 消去了中间变量，未提供系统内部状态的必要信息。而图中(b)将多输入 u_1，u_2，$\cdots$，u_r 与多输出 y_1，y_2，$\cdots$，y_m 之间的信号传输关系，分成动态部分与测量部分两个部分。动态部分揭示了系统内部状态 x_1，x_2，$\cdots$，x_n 的变化。而测量部分则给出了系统状态 x_1，x_2，$\cdots$，x_n 与输出 y_1，y_2，$\cdots$，y_m 之间的信号静态传递关系。

显然，采用状态空间法既可以研究多输入 – 多输出系统，又可以揭示系统内部的状态变化。而且由于输入与状态及状态与输出之间的关系可以用简单的矩阵方程来表示，其运算与求解可以用矩阵这一数学工具，便于用计算机进行分析、设计与实时控制。

（2）状态与状态空间

①状态

系统的状态就是指系统的过去、现在和将来的状况。当系统的所有外部输入已知时，为确定系统未来运动所必要与充分的信息的集合叫做系统的状态。

状态一般是指系统在运动过程中的某种特征量，如简单的 R、L、C 串联电路，由图 3 – 84 表示。

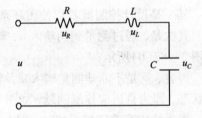

图 3 – 84　R、L、C 串联电路图

若已知电感中的初始电流 $i_L(t_0)$ 和电容上的初始电压 $u_C(t_0)$，则该电路所构成的网络任意时刻的状态都能唯一地被确定。故 $i_L(t_0)$ 和 $u_C(t_0)$ 可作为这一系统在 t_0 时刻的状态。R、L、C 为系统的结构参数，物理表示量有 u、u_R、u_L、u_C 及 i、i_R、i_L、i_C，$\cdots$等，而且可以包括这些量的各阶导数。当输入电压 u 改变时，由电路原理可知，上述的各量均作相应的变化，这些量都可以当作该电路的"状态"。

②状态变量

为了对系统的动力学特性进行研究，必须从系统的运动状态组合中挑选一组，称之为状态变量。因此，状态变量是系统的某个状态组合。从上述例中可看到，系统的电流 I 及电压 u_R，u_L，u_C，通过它们之间的联系找出因果关系，或者寻求描述这些变量的运动方程。

稍加考虑即可看出，状态变量之间是存在联系的，这种联系有的是明显的，如串联电路中通过电阻、电感及电容的电流都是 I，但有的联系并非一目了然，如串联的电感与电容之间的电压关系，这种关系称为状态变量间的相关。反之，称为状态互相独立。

一般情况下，挑选一组互相独立的状态变量，就足以表征系统在时域中的全部行为。如上例所示的电学系统为二阶系统，独立的状态变量只能有两个。如果在选取的状态变量中，存在相关的部分，那么，这些变量对表征系统的动态特性将是多余的。

状态变量组是用来描述系统内部特性的一种手段，它可以通过对系统的测试与计算，并抽去具体的物理意义而得到。因此可以说，状态变量是存在于输入与输出之间的一种数学实体。即系统的输入作用到状态组合，再引起系统的输出。

一般地讲，状态变量并非为直接测到的量，而是为了要对系统内部的因果关系的表达而引进的一个数学结构而已。系统中真正具有物理含义并且能够测得的量，只是系统的输入与输出。对状态变量还有一种较抽象的解释，就是把它看作信息的"总和"，即现在时刻的状态变量组与初始条件一起，能够唯一地确定下一时刻的状态变量。

状态变量是能够全面确定系统状态的最小一组变量，并满足：

当 $t = t_0$ 时，$x_1(t_0)$，$x_2(t_0)$，$\cdots$，$x_n(t_0)$ 能确定系统的初始状态。

当 $t \geq t_0$ 时的输入和初始状态一旦确定，这组变量便可完全、唯一地反映 $t \geq 0$ 任何时刻的系统运动。

这里"完全"表示反映系统的全部状况，"最小"表示确定系统的状况无多余信息。

注意：一个系统的状态变量的选取不是唯一的。

③状态向量

状态变量组成向量的形式，每个状态变量作为向量的分量。设 $x_1(t)$，$x_2(t)$，$\cdots$，$x_n(t)$ 是系统的一个状态变量组，可以组成向量 $x(t)$，记成列向量或行向量的形式如下下所示：

$$x(t) = \begin{bmatrix} x_1(t) \\ x_2(t) \\ \vdots \\ x_n(t) \end{bmatrix}^T$$

式中：T 为转置记号；n 为向量的维数；同理，可以有输入向量、输出向量等。如 $u = [u_1, u_2, \cdots, u_p]^T$，$y = [y_1, y_2, \cdots, y_m]^T$。$p$ 为输入向量 u 的维数（即输入个数），m 为输出向量 y 的维数，也即输出的个数。

根据状态变量的定义可知，当 $x(t_0)$ 及系统的输入给定时，$x(t)$ 可唯一地确定。

④状态空间

由 x_1 轴，x_2 轴，$\cdots$，x_n 轴所构成的 n 维空间叫做 n 维状态空间。任意状态都可以用状态空间中的一个点来表示。

2. 系统的状态空间表达式

为了分析动态系统的运动，对于经典控制理论需要从系统的微分方程出发建立输入与输出之间的传递函数；同样，对于现代控制理论也要从系统的微分方程出发，建立输入与状态及状态与输出之间的状态空间表达式，这是对系统进行研究所必需的第一步。

根据以上选择状态变量的原则，对于图 3-84 所示的系统，我们可以选择 i_L 和 u_C 作为状态变量。系统的微分方程为

$$LC\frac{\mathrm{d}^2 u_C}{\mathrm{d}t^2} + RC\frac{\mathrm{d}u_C}{\mathrm{d}t} + u_C = u$$

令 $x_1 = i_L = C\dfrac{\mathrm{d}u_C}{\mathrm{d}t}$；$x_2 = u_C$，则微分方程可写为

$$Lx_1' + Rx_1 + x_2 = u$$

整理后得

$$x_1' = -\frac{R}{L}x_1 - \frac{1}{L}x_2 + \frac{1}{L}u$$

$$x_2' = \frac{1}{C}x_1$$

这样，我们就把一个二阶微分方程变成了两个一阶微分方程，写成矩阵形式

$$\begin{bmatrix} u_1' \\ u_2' \end{bmatrix} = \begin{bmatrix} -\dfrac{R}{L} & -\dfrac{1}{L} \\ \dfrac{1}{C} & 0 \end{bmatrix} \cdot \begin{bmatrix} x_1 \\ x_2 \end{bmatrix} + \begin{bmatrix} \dfrac{1}{L} \\ 0 \end{bmatrix} u$$

这就是系统的状态方程。

系统的输出为

$$y = u_C = x_2$$

写成矩阵形式

$$y = \begin{bmatrix} 0 & 1 \end{bmatrix} \cdot \begin{bmatrix} x_1 \\ x_2 \end{bmatrix}$$

称为系统的输出方程。

状态方程和输出方程一起称为系统的动力学方程。它可以完全描述系统，系统的这种数学模型称为状态空间描述。

如果系统的数学模型为 n 阶常系数微分方程，在单输入 $u = u$ 作用下，n 阶系统的微分方程为

$$y^{(n)} + a_1 y^{(n-1)} + \cdots + a_{n-1}y' + a_n y = u \tag{3-51}$$

当 $t = 0$ 时的初始条件 $y(0)$，$y'(0)$，$\cdots$，$y^{(n-1)}(0)$ 和 $t \geq 0$ 时的输入 $u(t)$ 已知时，系统的运动状态可完全确定。可选取 n 个状态变量：

$$x_1 = y$$
$$x_2 = y'$$
$$\cdots\cdots \tag{3-52}$$
$$x_n = y^{(n-1)}$$

即

$$x(t) = \begin{bmatrix} x_1(t) \\ x_2(t) \\ x_n(t) \end{bmatrix}$$

这样，n 阶微分方程式(3-51)便可用 n 个一阶微分方程组成的状态方程来表示。即

$$x_1' = x_2$$
$$x_2' = x_3$$
$$\cdots\cdots \tag{3-53}$$
$$x_n' = -a_n x_1 - a_{n-1}x_2 - \cdots - a_1 x_n + u$$

将上式表示成矩阵形式，得：

$$x = Ax + Bu$$

式中：

$$\boldsymbol{x} = \begin{bmatrix} x_1 \\ x_2 \\ \vdots \\ x_n \end{bmatrix}, \quad A = \begin{bmatrix} 0 & 1 & 0 & \cdots & 0 \\ 0 & 0 & 1 & \cdots & 0 \\ \vdots & \vdots & \vdots & & \vdots \\ 0 & 0 & 0 & \cdots & 1 \\ -a_n & -a_{n-1} & -a_{n-2} & \cdots & -a_1 \end{bmatrix}, \quad B = \begin{bmatrix} 0 \\ 0 \\ \vdots \\ 1 \end{bmatrix}$$

系统的输出方程或观测方程为:

$$y = x_1$$

将上式表示成矩阵形式, 得:

$$y = Cx$$

式中:

$$C = \begin{bmatrix} 1 & 0 & \cdots & 0 \end{bmatrix}$$

更一般的情况, 当动态系统为图 3 – 85 所示的多输入 – 多输出系统时, 图中: u_1, u_2, $\cdots$, u_r, 为输入变量; x_1, x_2, $\cdots x_n$ 为状态变量; y_1, y_2, $\cdots y_m$ 为输出变量。系统的动态特性可用下面的方程组来描述:

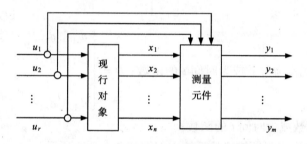

图 3 – 85　多输入 – 多输出系统

$$x_1' = a_{11}x_1 + a_{12}x_2 + \cdots + a_{1n}x_n + b_{11}u_1 + b_{12}u_2 + \cdots + b_{1r}u_r$$
$$x_2' = a_{21}x_1 + a_{22}x_2 + \cdots + a_{2n}x_n + b_{21}u_1 + b_{22}u_2 + \cdots + b_{2r}u_r$$
$$\cdots\cdots\cdots\cdots$$
$$x_n' = a_{n1}x_1 + a_{n2}x_2 + \cdots + a_{nn}x_n + b_{n1}u_1 + b_{n2}u_2 + \cdots + b_{nr}u_r$$

式中: a_{ij} 和 b_{ij} 为常数或时间 t 的函数。用矩阵表示, 可写成

$$x' = Ax + Bu \qquad\qquad (3 - 54)$$

式中:

$$x = \begin{bmatrix} x_1 \\ x_2 \\ \vdots \\ x_n \end{bmatrix}$$ 为 n 维状态向量; $u = \begin{bmatrix} u_1 \\ u_2 \\ \vdots \\ u_r \end{bmatrix}$ 为 r 维控制向量; $A = \begin{bmatrix} a_{11} & a_{12} & \cdots & a_{1n} \\ a_{21} & a_{22} & \cdots & a_{2n} \\ \vdots & \vdots & & \vdots \\ a_{n1} & a_{n2} & \cdots & a_{nn} \end{bmatrix}$ 为 $n \times n$ 系

统矩阵；$B = \begin{bmatrix} b_{11} & b_{12} & \cdots & b_{1r} \\ b_{21} & b_{22} & \cdots & b_{2r} \\ \vdots & \vdots & & \vdots \\ b_{n1} & b_{n2} & \cdots & b_{nr} \end{bmatrix}$ 为 $n \times r$ 控制矩阵。

类似的，对于输出有：

$$y_1 = c_{11}x_1 + c_{12}x_2 + \cdots + c_{1n}x_n + d_{11}u_1 + d_{12}u_2 + \cdots + d_{1r}u_r$$
$$y_2 = c_{21}x_1 + c_{22}x_2 + \cdots + c_{2n}x_n + d_{21}u_1 + d_{22}u_2 + \cdots + d_{2r}u_r$$
$$\cdots\cdots\cdots\cdots\cdots$$
$$y_m = c_{m1}x_1 + c_{m2}x_2 + \cdots + c_{mn}x_n + d_{m1}u_1 + d_{m2}u_2 + \cdots + d_{mr}u_r$$

用矩阵可表示为

$$Y = Cx + Du \qquad\qquad (3-55)$$

式中：$Y = \begin{bmatrix} y_1 \\ y_2 \\ \vdots \\ y_m \end{bmatrix}$ 为 m 维输出向量；$C = \begin{bmatrix} c_{11} & c_{12} & \cdots & c_{1n} \\ c_{21} & c_{22} & \cdots & c_{2n} \\ \vdots & \vdots & & \vdots \\ c_{m1} & c_{m2} & \cdots & c_{mm} \end{bmatrix}$ 为

$m \times n$ 矩阵，其中的元素为常数或为时间 t 的函数；$D = \begin{bmatrix} d_{11} & d_{12} & \cdots & d_{1r} \\ d_{21} & d_{22} & \cdots & d_{2r} \\ \vdots & \vdots & & \vdots \\ d_{m1} & d_{m2} & \cdots & d_{mr} \end{bmatrix}$ 为 $m \times r$ 控制矩

阵，其中的元素为常数或为时间 t 的函数；

用状态方程和输出方程所描述的系统方框图如图 3 – 86 所示。

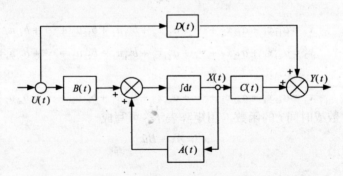

图3 – 86　由状态方程和输出方程式定义的系统方框图

用状态方程描述系统和用状态空间分析法分析设计系统，给自动控制工作者带来如下许多方便。

①分析一个复杂的系统时，可能要求解 n 阶的高阶微分方程，这是一件很困难的事。但是，应用状态空间的概念则可将 n 阶微分方程的求解化成 n 个一阶微分方程组的求解。而后者要简便得多，而且当系统的阶数增加时，求解的复杂程度并不增加多少。

②引进微分方程组的矩阵表达式，可大大简化系统的数学表达式，可以应用现有的矩阵

理论来研究系统的性能。

③应用状态空间处理方式的另一个显著优点是可以推广到非线性及时变系统。

④控制系统的经典理论研究的是系统的输入、输出关系。但当研究一个复杂的系统，例如一个磨矿机的磨矿过程时，我们不仅要研究系统的输入(给矿)和输出(排矿)，还必须研究系统全部有关的信号(球荷、磨矿浓度、料量等等)。

当需要确定这些变量是否在线性范围内的时候，就必须知道系统内部各变量的幅值，因为很可能出现由于没有注意这些变量的幅值而造成系统的不稳定。用经典理论是很难满足这一要求的，而应用状态空间分析法就自然地把对系统内部变量的研究包括进去了。

此外，在工程实际中，所遇到的控制系统通常都是非线性的。由于对非线性系统的研究往往很困难，而且多数非线性系统常常可在一定的范围内用线性系统来逼近。因此，通常我们总是希望通过模型线性化的方法将实际的非线性系统化为线性系统来研究。

设原来控制系统的状态方程和输出方程分别为

$$X'(t) = f[X(t), U(t), t]$$
$$Y(t) = g[X(t), t]$$

式中：f 和 g 为非线性函数。

我们只限于考察系统在 $X_0(t)$ 附近的运动，$X_0(t)$ 称为标称轨迹或标称状态。$U_0(t)$ 是为了达到标称状态所需的控制量，$Y_0(t)$ 是根据标称状态 $X_0(t)$ 算出的输出量。于是有

$$X_0'(t) = f[X_0(t), U_0(t), t]$$
$$Y_0(t) = g[X_0(t), t]$$

对在标称点附近的微小变化，定义摄动矢量

$$\delta X(t) = X(t) - X_0(t)$$
$$\delta U(t) = U(t) - U_0(t)$$
$$\delta Y(t) = Y(t) - Y_0(t)$$

根据函数的泰勒展开式，有

$$f[X(t), U(t), t] = f[X_0(t), U_0(t), t] + \frac{\partial f}{\partial X}\bigg|_0 \delta X(t) + \frac{\partial f}{\partial U}\bigg|_0 \delta U(t) + \alpha[\delta X(t), \delta U(t), t]$$

$$g[X(t), t] = g[X_0(t), t] + \frac{\partial g}{\partial X}\bigg|_0 \delta X(t) + \beta[\delta X(t), t]$$

其中 $\alpha[\delta X(t), \delta U(t), t]$ 和 $\beta[\delta X(t), t]$ 为展开式的高次项。注意到 $\delta X(t)$ 和 $\delta U(t)$ 分别具有 n 个和 r 个分量，因而 $\frac{\partial f}{\partial X}$ 和 $\frac{\partial f}{\partial U}$ 均为函数阵，而 $\frac{\partial f}{\partial X}\bigg|_0$ 和 $\frac{\partial f}{\partial U}\bigg|_0$ 表示矩阵在 $X(t) = X_0(t)$、$U(t) = U_0(t)$ 时的值。令

$$\frac{\partial f}{\partial X}\bigg|_0 = A(t)、\frac{\partial f}{\partial U}\bigg|_0 = B(t) \text{ 及 } \frac{\partial g}{\partial X}\bigg|_0 = C(t)$$

略去泰勒展开式中的高次项，则得实际系统的线性化模型

$$\delta X'(t) = A(t)\delta X(t) + B(t)\delta U(t)$$
$$\delta Y(t) = C(t)\delta X(t)$$

或者写成习惯的形式

$$X'(t) = A(t)X(t) + B(t)U(t)$$
$$Y(t) = C(t)X(t)$$

3.6.3 线性状态方程的解

线性时变系统状态方程为

$$X'(t) = A(t)X(t) + B(t)U(t) \tag{3-56}$$

这是一个非线性齐次向量方程,根据微分方程理论,它具有通解和特解。我们先求出它的通解(即齐次方程解),然后求出它的特解,于是就可得到全解。

齐次方程为

$$X'(t) = A(t)X(t) \tag{3-57}$$

初始条件 $X(t_0) = X_0$

其解为

$$X(t) = \Phi(t, t_0)X(t_0) \tag{3-58}$$

式中 $\Phi(t, t_0)$ 是微分方程

$$\frac{\mathrm{d}\Phi(t, t_0)}{\mathrm{d}t} = A(t)\Phi(t, t_0) \tag{3-59}$$

$$\Phi(t_0, t_0) = 1$$

的解。

很容易证明式(3-58)的正确性,对(3-58)式微分得

$$X'(t) = \frac{\mathrm{d}}{\mathrm{d}t}[\Phi(t, t_0)X(t_0)] = \frac{\mathrm{d}}{\mathrm{d}t}[\Phi(t, t_0)]X(t_0)$$

而

$$\Phi(t, t_0) = A(t)\Phi(t, t_0)$$

故有

$$X(t) = \Phi(t, t_0)X(t_0) = A(t)\Phi(t, t_0)X(t_0) = A(t)X(t)$$

证明了(3-58)式确为(3-59)式的解。

由此可见,方程(3-59)的通解(齐次方程解)只是初始状态的转移,故 $\Phi(t, t_0)$ 叫做状态转移矩阵,它将 t_0 时刻的状态 $X(t_0) = X_0$ 转移到 t 时刻的状态 $X(t)$。

设:

$$\Phi(t, t_0) = \begin{bmatrix} \Phi_{11}(t_0, t) & \Phi_{12}(t_0, t) & \cdots & \Phi_{1n}(t_0, t) \\ \Phi_{21}(t_0, t) & \Phi_{22}(t_0, t) & \cdots & \Phi_{2n}(t_0, t) \\ \vdots & \vdots & & \vdots \\ \Phi_{n1}(t_0, t) & \Phi_{n2}(t_0, t) & \cdots & \Phi_{nn}(t_0, t) \end{bmatrix}$$

则

$$X\begin{bmatrix} x_1(t) \\ x_2(t) \\ \vdots \\ x_n(t) \end{bmatrix} = \begin{bmatrix} \Phi_{11}(t_0, t) & \Phi_{12}(t_0, t) & \cdots & \Phi_{1n}(t_0, t) \\ \Phi_{21}(t_0, t) & \Phi_{22}(t_0, t) & \cdots & \Phi_{2n}(t_0, t) \\ \vdots & \vdots & & \vdots \\ \Phi_{n1}(t_0, t) & \Phi_{n2}(t_0, t) & \cdots & \Phi_{nn}(t_0, t) \end{bmatrix} \times \begin{bmatrix} x_1(t_0) \\ x_2(t_0) \\ \vdots \\ x_n(t_0) \end{bmatrix}$$

若 $x_1(t_0)$ 已知 $x_2(t_0) = x_3(t_0) = \cdots = x_n(t_0) = 0$

则

$$x_1(t) = \Phi_{11}(t, t_0)x_1(t_0) = \Phi_{11}(t, t_0)$$

因此，$\Phi_{11}(t, t_0)$ 是初始状态 $x_1(t_0) = 1$，而其他状态变量的初始条件均为零时 $x_1(t)$ 的响应。

同理，$\Phi_{ij}(t, t_0)$ 是当其他初始状态为零，第 j 个初始状态 $x_j(t_0) = 1$ 时，第 i 个状态变量 $x_i(t)$ 的响应。

$\Phi(t, t_0)$ 的性质如下

①
$$\Phi(t, t_0) = \Phi(t_2, t_1)\Phi(t_1, t_0) \tag{3-60}$$

为了证明这一性质，根据(3-58)式可以写出

$$X(t_1) = \Phi(t_1, t_0)X(t_0) \tag{3-61}$$

$$X(t_2) = \Phi(t_2, t_0)X(t_0) \tag{3-62}$$

又可写出

$$X(t_2) = \Phi(t_2, t_1)X(t_1) \tag{3-63}$$

将(3-61)式代入，则可得

$$X(t_2) = \Phi(t_2, t_1)\Phi(t_1, t_0)X(t_0) \tag{3-64}$$

比较(3-62)和(3-64)式即可证明

$$\Phi(t_2, t_0) = \Phi(t_2, t_1)\Phi(t_1, t_0)$$

同理可得状态转移矩阵的第二个性质：

②
$$\Phi(t_0, t)\Phi(t, t_0) = 1 \tag{3-65}$$

③
$$\Phi(t_0, t)^{-1} = \Phi(t, t_0) \tag{3-66}$$

只要将(3-65)式右边乘 $\Phi(t, t_0)^{-1}$ 即得(3-66)式。

对于 $A(t)$ 是常数矩阵或对角线矩阵的情况，这时 $A(t)$ 和 $\int_{t_0}^{t} A(\tau)\mathrm{d}\tau$ 是可交换的，于是式 (3-59)的解可用下面矩阵指数表示：

$$\Phi(t, t_0) = \exp\left[\int_{t_0}^{t} A(\tau)\mathrm{d}\tau\right] \tag{3-67}$$

当 $A(t)$ 是常数矩阵时，有

$$\Phi(t, t_0) = \mathrm{e}^{A(t, t_0)}$$

又若 $t_0 = 0$ 时，则

$$\Phi(t)\mathrm{e}^{A(t)}$$

下面进一步求解方程(3-56)

$$X'(t) = A(t)X(t) + B(t)U(t)$$
$$X(t_0) = X_0$$

假定方程(3-56)的解为

$$X(t) = \Phi(t, t_0)\xi(t)$$

则

$$X'(t) = \frac{\mathrm{d}}{\mathrm{d}t}\left[\Phi(t, t_0)\xi(t)\right] = \Phi(t, t_0)\xi'(t) + \Phi'(t, t_0)\xi(t) = \Phi(t, t_0)\xi'(t) + A(t)\Phi(t, t_0)\xi(t)$$

又因

$$X'(t) = A(t)X(t) + B(t)U(t) = A(t)\Phi(t, t_0)\xi(t) + B(t)U(t)$$

故有

$$\Phi(t, t_0)\xi'(t) = B(t)U(t)$$

或

$$\xi(t) = \int_{t_0}^{t} \Phi^{-1}(\tau, t_0)B(\tau)U(\tau)\mathrm{d}\tau + \xi(t_0)$$

而

$$\xi(t_0)\Phi^{-1}(t, t_0)X(t_0) = X_0$$

所以

$$X(t) = \Phi(t, t_0)\xi(t) = \Phi(t, t_0)X_0 + \Phi(t, t_0)\int_{t_0}^{t} \Phi^{-1}(\tau, t_0)B(\tau)U(\tau)\mathrm{d}\tau$$

$$= \Phi(t, t_0)X_0 + \int_{t_0}^{t} \Phi(t, \tau)B(\tau)U(\tau)\mathrm{d}\tau \tag{3-68}$$

式(3-68)就是状态方程(3-56)的解。当 $A(t)$、$B(t)$ 为常数阵，且 $t_0 = 0$ 时，上式变为

$$X(t) = \Phi(t)X_0 + \int_{t_0}^{t} \Phi(t-\tau)BU(\tau)\mathrm{d}\tau = \mathrm{e}^{At}X_0 + \int_{t_0}^{t} \mathrm{e}^{A(t-\tau)}B(\tau)U(\tau)\mathrm{d}\tau$$

这就是定常系统状态方程的解。

3.6.4 线性系统的可控性及可观测性

在现代控制理论中，为了进行最优控制系统设计，首先碰到的一个问题是所提出的性能指标对于一个给定的系统和一组约束条件是否存在某种控制(称容许控制)，进而是否存在某种最优控制，这就是所谓最优控制的存在性问题。

最优控制的存在性问题是与系统的可控性及可观测性密切相关的，卡尔曼在1960年首先引进可控性和可观测性的溉念，并指出只有状态完全可控的系统才具有最优控制规律，且只有状态完全可观测的系统其状态变量才是可最佳估计的。这样，可控性及可观测性就给出了最优控制完整解存在性的条件。

尽管大多数实际的工程控制问题是可控和可观测的，但如果处理不当，对应的数学模型可能是不可控的和不可观测的。因此在着手进行最优控制设计之前，研究系统的可控性和可观测性是有实际意义的。事实上，可控性和可观测性条件不仅在理论上有重要意义，而且已被广泛用到控制系统设计中。

1. 可控性及可观测性的概念

通常，系统设计的主要任务就是要设计出满足给定性能指标的系统。现代控制理论就是能以某个性能指标最优为目标设计一个最优控制器，使系统成为最优控制系统。

为了设计最优控制器，首先要判断通过系统的输入能否控制全部状态的变化。如果其状态都无法控制，那根本就谈不上最优控制了。其次为了实现最优控制就需要获得系统状态的全部信息，这就需要判断通过观测系统的输出能否确定系统的状态。这就提出了系统的可控性与可观测性问题。可见，判断系统的可控性与可观测性是进行系统设计的首要问题。

在经典控制理论中，系统的可控性与可观测性问题被掩盖了，如下图3-87所示是一个位置系统

其微分方程为

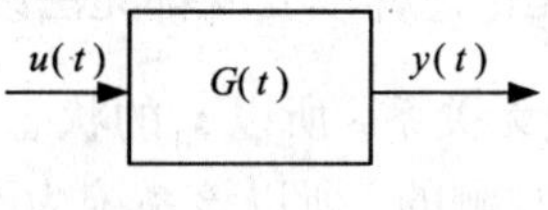

图 3-87　位置系统

$$y'' + 2\xi\omega_n y' + \omega_n^2 y = ku(t) \tag{3-69}$$

系统的传递函数为

$$G(s) = \frac{Y(s)}{U(s)} = \frac{k}{s^3 + 2\xi\omega_n s + \omega_n^2} \tag{3-70}$$

采用传递函数法时只研究输入 $u(t)$ 与输出 $y(t)$ 之间的关系，状态度量是位置 y，观测的输出也是位置 y，输入 u 所控制的变量也是位置 y，系统内部其他状态都被掩盖了。而 y 往往既是可控的又是可观测的。因此在经典控制理论中并未提出可控性与可观测性的问题。1960年卡尔曼在研究状态空间法时发现了可控性与可观测性问题。如果不是将微分方程表示成式3-70 所示的传递函数形式，而是表示成状态空间表达式形式，取状态变量为 $x_1 = y$，$x_2 = y'$，则其状态空间表达式为

$$x' = Ax + Bu \tag{3-71}$$
$$y = Cx + Du$$

式中

$$A = \begin{bmatrix} 0 & 1 \\ -\omega_n^2 & -2\xi\omega_n \end{bmatrix}, B = \begin{bmatrix} 0 \\ 1 \end{bmatrix}$$
$$C = \begin{bmatrix} 1 & 0 \end{bmatrix}, D = 0, u = u$$

对比式(3-70)与式(3-71)，并将其推广至有 r 个输入和 m 个输出的 n 阶系统的一般情况可以看出，采用传递函数法看不到系统的 n 个状态 x_1，x_2，$\cdots$，x_n 与 r 个输入 u_1，u_2，$\cdots$，u_r 的关系；而对于状态空间法，由于采用了输入—状态—输出的这种信号分段传送的表示方法，这就揭示了系统的状态变化。

状态方程描述了输入作用引起状态变化的情况，这就提出了一个问题：输入对系统的状态是否都能控制？如果系统能够在输入作用下从一种状态达到另一种状态，系统就是可控的；否则就是不可控的。

输出方程描述了状态变化引起输出变化的情况。这又提出了一个问题：系统的全部状态能否通过输出反映出来？如果系统的状态可以根据输出的观测值确定出来，系统就是可观测的；否则，就是不可观测的。这就明确地提出了系统的可控性与可观测性问题。

下面通过几个简单的电路例子来说明系统的可控性与可观测性问题的存在。

例 3-8　图 3-88 示出一种 RC 网络，并有 $\dfrac{R_1}{R_3} = \dfrac{R_2}{R_4}$。系统的输入为电压 u，系统的状态 $x_1 = u_c$，x_2 为 R_3 与 R_4 两电阻上的电压，输出 $y = x_2$。试判断系统的可控性与可观测性。

解：

由简单的电路分析可知，改变 u 可以控制 x_2，又因为观测 y 可以确定 x_2，显然状态 x_2 是可控的与可观测的。

但是因为 $\frac{R_1}{R_3}=\frac{R_2}{R_4}$，$x_1=0$，即无论怎样改变 u 都无法改变 x_1，因此 x_1 的状态是不可控的。又因为观测 y 获得的观测值与 x_1 毫无关系，所以 x_1 的状态又是不可观测的。由于系统的全部状态 x_1，x_2 并非完全可控及完全可观测的，所以该系统为不可控及不可观测的系统。

例 3-9　图 3-89 示出了一种 RC 网络，并有 $C_1=C_2$，$R_1=R_2$，系统的输入为 u，状态 $x_1=u_{c1}$，$x_2=u_{c2}$，输出 $y=x_2$，试判断系统的可控性与可观测性。

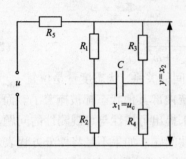

图 3-88　*RC* 网络

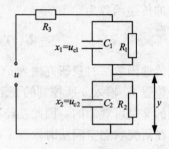

图 3-89　*RC* 网络

解：

由简单的电路分析可知，无论怎样改变 u 都不能使 x_1 与 x_2 不相等，即系统不可能达到任意的工作状态，可见系统是不可控的。但因为 $x_1=x_2$，观测输出 $y=x_2$ 便可确定系统的状态 x_1 与 x_2，所以系统是可观测的。

例 3-10　对于图 3-90 所示的系统，有下列四种不同的情况：

①以 u 为输入，以 y 为输出；

②以 u' 为输入，以 y 为输出；

③以 u 为输入，以 y' 为输出；

④以 u' 为输入，以 y' 为输出。

试判断以上四种情况下系统的可控性与可观测性。

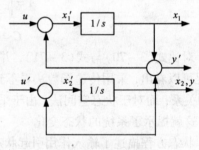

图 3-90　控制系统

解：对以上四种情况分别进行讨论。

①以 u 为输入，以 y 为输出

由图 3-90 可以看出，输入 u 沿着箭头所示的信号传递方向无法到达并影响 x_2，即 u 与 x_2 无关，状态 x_2 不可控，系统是不可控的。同理，x_1 沿着信号的传递方向无法到达并影响 y，即 y 与 x_1 无关，状态 x_1 是不可观测的。因此以 u 为输入、以 y 为输出的系统是不可控与不可观测的。

②以 u' 为输入，以 y 为输出

对于这种情况系统不可观测的性质与情况 ① 相同。但由于输入 u' 可以直接影响 x_2 并可通过 x_2 间接地影响 x_1，所以系统是可控的。因此以 u' 为输入、以 y 为输出的系统是可控的与不可观测的。

③以 u 为输入，以 y' 为输出

对于这种情况系统的不可控性与情况 ① 相同。而因为由 y' 输出，x_1 与 x_2 都可以影响 y'，所以以 u 为输入、以 y' 为输出的系统是不可控与可观测的。

④以 u' 为输入，以 y' 为输出

对于这种情况系统的可控性与情况 ② 相同，可观测的性质与情况 ③ 相同。因此以 u' 为输入、以 y' 为输出的系统是可控的与可观测的。

由以上分析可以看出，按照系统的可控性与可观测性可以将系统分成四种情况：可控的与可观测的系统；可控的与不可观测的系统；不可控的与可观测的系统；不可控的与不可观测的系统。

2. 可控性和可观测性的定义

（1）可控性的定义

①状态可控性的定义

给定一个系统 $S(A, B, C)$ 和某一特定的初始状态 $x(t_0)$。如果在控制函数 $u(t)$（$t_0 < t \leqslant t_f$，t_f 为终了时刻，且 $t_f > 0$）作用下，能将系统的状态引向终了状态 $x(t_f)$，则称系统在 t_0 时刻的状态 $x(t_0)$ 为可控的。

②系统可控性的定义

如果系统的任意状态都是可控的，则称系统是状态完全可控的，简称系统是可控的。

（2）可观测性的定义

①状态可观测性的定义

如果在一个有限的时间间隔（$0 \leqslant t \leqslant t_f$，$t_f > 0$）内，系统的初始状态 $x(0)$ 可以根据输入 $u(t)$ 及所观测的输出 $y(t)$ 唯一地确定（特别是当 $u(t) = 0$ 时，$x(0)$ 可以根据 $y(t)$ 唯一地确定），则称系统的状态 $x(0)$ 为可观测的。

②系统可观测性的定义

如果系统的任意状态都可观测，则称系统是状态完全可观测的，简称系统是可观测的。

3.6.5 自动控制系统

下面来研究控制问题。对于一个给定的系统，要达到某个特定的设计指标，在构成闭环控制系统时应施加什么样的输入呢？

反馈是控制的基本方法。常规的反馈是利用误差经过某种函数运算进行反馈，这种函数关系由控制指标所决定。对于一个能控能观的系统，控制指标和反馈方式有一一对应的关系。

然而真正灵活有效的控制并不总是由一个单一的指标函数所决定的。一个有经验的驾驶员会根据被驾驶对象的状况、环境的变化等随时改变驾驶策略，为了快速机动有时甚至采用正反馈，使系统不稳，有时又要使系统快速稳定，有时不用反馈而只用前馈；等等。这就是说反馈的过程中要有实时的决策，不能只用一种指标函数。

当然理论上可以将各种指标函数组成一个综合的指标，但要描述这样的指标函数将是十分困难的，甚至是不可能的，即使有了这样的复杂的指标函数，也给统一的综合分析和设计带来难以克服的困难。以上所述表明，如何将反馈控制和实时动态决策融合在一起是一个很有研究价值的课题，为此实现仿人智能的控制将是值得探讨的，仿人控制将会提供给我们很多有益启示。

在日常生活中，我们都有这样的经验，无论干什么事都希望以最小的代价获得最大的成功。例如上街购买东西时，我们总是挑那些质量好、外形最美观、价格也便宜的商品；在工作时，我们更愿意用最轻松愉快的方式来取得最满意的工作效果。这些看似平常的日常现象，其中包含了现代控制理论中的"最优化"思想。将上述这种"最优化"的观点应用于工程实践，便产生了在社会生活各个方面得到广泛应用的最优控制技术。

举一个例子：坐电梯。开关一按，一会儿就到了几十层的大楼顶上。电梯省时省力，是现代科学和文明的产物。不过，应当怎样来控制电梯的运动，使它能以最短的时间到达顶楼（或从楼上下到地面）地面呢？也许有人会说，这还不简单，让电梯始终以最快的速度直上（或直下）不就行了么！其实仔细想一下就会发现这种控制方式是不行的。因为当电梯以最大的速度冲向楼顶（或地面）时，必然会发生剧烈的碰撞而造成设备损坏甚至人员伤亡。因此必须运用科学分析的方法，制定合理可行的控制方案，既要保证电梯上升（或下降）的时间最短，又要让它到达楼顶或地面时速度恰好为零。这也是一个最优控制问题，我们称之为"时间最优控制问题"。

为了解决各种各样的最优控制问题，人们找到了许多方法，其中有两种最有成效。一种是美国学者贝尔曼于1953—1957年间研究提出的"动态规划"；另一种是前苏联学者庞特里亚金于1956—1958年间创立的"极大值原理"。

如果人们设计的自动控制系统能够在外界条件发生变化时，仍然保持最优运行，岂不是更好吗？正是在这种思想支配下，人们提出了自适应控制（Adaptive Control）的概念。

反馈控制的基本思想是利用系统输入（受控量）与期望值之间的偏差来控制系统的行为，使误差趋近于零。但实际上，由于多数受控制对象的特性很难准确掌握，内部参数也随环境而变化（如电阻会随温度变化），外界条件会随时波动（如电压波动），而且这些变化通常是无法预测的，所以，人们在对原系统进行控制的过程中，该系统的特性实际上已经发生了不同程度的变化。事先确定的最优控制在内部参数和外部环境变化后，可能已不再是最优方案了，因此只有设计一种随内部参数和外部环境变化而自动调整系统特性的控制方式，才能保证控制系统始终处于或接近最优运行状态，这种系统就是自适应控制系统，具有自适应能力的控制器叫做自适应控制器。

自适应控制的设想，最先是由考德威尔（W. 1. Caldwell）于1950年提出来的。1958年美国麻省理工学院的怀特克（H. P. Whitaker）教授首先应用自适应控制方法设计了飞机自适应自动驾驶仪。

自适应控制系统的两个基本功能是：

①能够自动检测和分析受控对象的特性以及系统所处环境的变化；

②能够根据从环境和系统内部检测到的信息得出决策，适当改变系统的结构或参数以及控制策略，就可以保护系统在任何情况下都能稳定和最优运行。

要实现这两种功能，显然必须进行大量的复杂计算和推断，所以自适应控制系统离不开计算机的帮助。可以说，没有计算机的参与，要实现系统的自适应控制是不可能的。

飞行器的控制是较早应用自适应控制技术的。大家知道，飞行器飞行的高度和速度会随着高空中云层、气流等环境的改变而发生剧烈变化，飞行器的动力学参数也会产生较大波动，依靠常规的反馈控制往往难以获得令人满意的控制精度。现在，采用带电脑的自适应控制系统可以实现良好的飞行。此外，大型船舶的自动驾驶仪是自适应控制技术成功应用的典型范例。

海上航行，环境复杂，气候多变，随时会出现一些意想不到的情况，如海浪、海潮、台风等。采用船舶自适应驾驶仪后，则可以克服风、流、浪、水域深度、船舶装载重量及其他不可预见的因素对船舶操纵性能的影响，确保船舶在各种环境条件下能量消耗最小，并安全准确地航行。目前，瑞典、日本和英美等国已生产出许多性能良好的产品投放市场。由于采用这种自适应驾驶仪后，航速可提高1%，估计每条远洋轮船可节省燃油3%，因此具有明显的经济效益和社会效益。

此外，自适应控制技术还广泛应用于工业、农业、石油勘探与开发、资源分配、宏观经济调控等各个部门。

自适应控制系统的进一步发展，将走向所谓"自学习"、"自组织"和"智能控制"系统。这些系统除具备一般自适应功能外，还能够自动记忆本系统过去的经验和教训，回忆过去曾经发生的情况，并基于这些信息改进系统的自适应功能。

1. 最优控制系统简介

用经典控制理论设计闭环控制系统时，常用过渡过程时间、超调量或上升时间等指标来衡量一个系统动态品质的优劣。这种方法的主要缺点是不够严格，而且多是建立在试探法的基础上，很难设计出具有高性能指标的系统，特别是对于多输入－多输出及阶次较高的系统，用这种方法往往不能达到满意的结果。

采用最优控制理论，可以使控制系统的某一性能指标达到极小(或极大)，从而实现最优控制系统的设计。20世纪50年代末贝尔曼(Bellman)发表了他的动态规划法，庞特里亚金(Ponifya - gin)证明了极大值原理，从这时开始最优控制理论得到了迅速发展。它的发展还由于这个时期出现了大型数字计算机，使之能有效地处理所涉及的复杂计算问题。

2. 在线系统辨识简介

随着现代控制理论的不断发展，许多问题的重要性越来越突出。其中之一就是系统辨识问题。所谓系统辨识就是对于一个给定的系统，通过对输入、输出进行观测来在线建立系统的数学模型。

系统辨识是现代控制理论中的重要组成部分。在工业生产过程自动控制、雷达信号处理、预报、导航、轨道估计、地质、水文、通讯、语言声学、乃至计量经济领域、生理和生物医学、生态学及社会学等各个领域，都提出一类共同关心的问题，即如何从受到随机干扰的局部观测资料出发，用计算机对其进行处理，来确定一个系统或过程的数学模型，以便推断当时或以后一段时间中系统状态的变化情况，从而掌握系统的变化规律，并采取措施，在某种意义下较好地或最优地控制一些因素的变化，达到预期的目的和要求。

系统辨识问题就是对一个系统或过程，通过对它的输入与输出之间的关系进行观测，来建立其数学模型，简称为建模。近代估值理论与完善的计算机算法也促进了系统辨识技术的飞速发展。

3. 自适应控制系统简介

与通常的反馈控制理论不同，自适应控制理论是建立在系统数学模型参数未知的基础上的，而且随着系统行为的变化，自适应控制也会相应地改变控制器的参数，以适应系统特性的这种变化，保证整个系统的性能指标达到令人满意。

自适应控制的这一特点，使得它可用于系统模型参数未知、或系统所处环境不断变化的情况。因此,自适应控制与其说是一种新的技术、新的方法,不如说是一种崭新的思想。

自适应控制的研究始于上世纪 50 年代,近来,随着控制理论与计算技术的迅速发展,自适应控制也有了很大的进展,形成了独特的方法与理论,并且在工业生产过程中获得了很多成功的应用。

在通常的最优控制理论中,要求系统的数学模型是十分精确的,且完全已知。在此条件下,人们按照生产过程的实际需要,将控制任务定量为一个性能指标,然后采用适当的方法找出使性能指标为最优的控制规律。

然而对于许多实际的工业生产过程。往往由于其过程机理复杂,不能准确地描述它的动态特性。尤其有许多生产过程,一是其动态特性是不断变化的,不可能准确地描述其变化规律;二是存在着大量的扰动因素,且它们的变化规律是无法预知的。对于这类生产过程,采用通常的反馈控制方法,很难达到预期的目标,为此必须采用自适应控制方法。对模型需要执行的控制规律,进行自动地调整和修正,保证预期的目标能够实现。

自适应控制系统是一个具有自适应能力的系统,它必须能察觉过程与环境的变化,并自动地校正控制规律,因此一个自适应控制系统至少应包含下述几部分。

①具有一个测量和估计环节,能对环境和过程本身进行监视,然后对测量数据中的噪声信号进行去噪声处理,得到真实的测量信号并对其进行分类。基于此,进行某些参数的实时估计。

②具有衡量系统控制效果好坏的性能指标的确切定义,且能够测量与计算性能指标,判断系统是否偏离最优状态。

③具有自动地调整控制规律的功能。

实质上,自适应控制是辨识技术,最优化和控制的有机结合。

虽然自适应控制理论发展极为迅速,但自适应控制至今还没有统一的定义,而且也无统一的处理方法。人们根据不同的具体情况,按照不同适应环境的算法,发展了各种自适应控制方案,并且在生产过程中获得了应用。

习　题

3-1　控制系统的品质指标有哪些?这些指标是怎样影响控制系统的控制质量的?

3-2　一个简单的自动控制系统主要由哪几部分组成?各部分的功能是什么?

3-3　控制系统的结构框图与动态框图的区别是什么?它们分别用来表示什么内容?

3-4　为什么说在控制系统中,调节对象的特性研究特别重要,事关系统能否实现对参数的控制,也直接影响到控制质量?

3-5　对象的容量系数与自衡率的区别是什么?又有什么相同之处。

3-6　对象的静态特性有哪些?用什么方式来表示?

3-7　对象的动态特性怎样表示?动态特性系数的物理意义是什么?

3-8　什么叫传感器?传感器的功能和作用是什么?

3-9　传感器的特性主要有哪些?

3-10　什么是调节器?调节器的作用和功能是什么?

3-11　比例调节器的比例系数和比例度的区别是什么?有什么相同之处?他们对比例

调节器的作用有什么不同？

3－12 什么是积分调节器？为什么说积分调节器能消除控制系统的余差指标？

3－13 什么是PID调节器？它的原理是什么？它的优点和缺点有哪些？

3－14 据调节对象的特性如何来选择自动控制系统的调节器？

3－15 执行机构的作用是什么？请你例举出矿物加工厂内从原矿到尾矿(或精矿)工艺中的执行机构(包括人工调节参数所使用的执行机构)的名称和作用。

3－16 熟悉DDZ－Ⅱ型电动伺服机构的工作原理。

3－17 熟悉调节阀的组成结构、工作原理和其流量特性。

3－18 分析理想的执行部件特性在实际应用中的差异，从中悟出为什么矿物加工自动化的实施 要比有些行业难度大的原因。

3－19 什么是控制系统的数学模型？建立控制系统数学模型的方法有哪些？怎样建立控制系统数学模型？

3－20 设水位自动控制系统的原理方案如下图所示，其中Q_1为水箱的进水量，Q_2为水箱的出水流量，H为水箱中实际水面高度。假定水箱横截面积为S，希望水面高度为H_0，与H_0对应的水流量为Q_0，试列出水箱的微分方程。

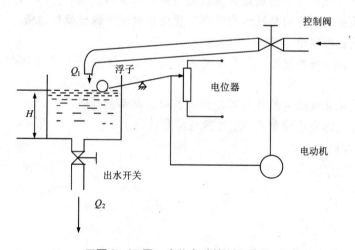

习题3－20图 水位自动控制系统图

3－21 什么是控制系统传递函数？传递函数的基本性质有哪些？

3－22 设机械系统如下图所示，其中x_i为输入位移，x_0为输出位移。试分别写出各系统的微分方程式及传递函数。

3－23 简单表述积分环节和微分环节的特点和在控制系统设计中的作用。

3－24 如何用图解法确定一阶环节的特性参数？

3－25 熟悉矿物加工控制系统常用的电动调节器、电动执行器的组成结构、安装、选用参数等性能指标。

3－26 熟悉磨矿给矿量控制的组成、结构和控制原理。

3－27 了解磨矿浓度前馈控制系统的组成及特性。

3－28 熟悉磨矿分级控制中，分级机溢流浓度控制系统的组成和控制原理。

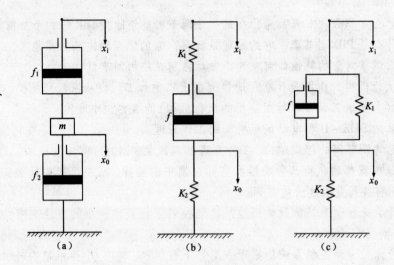

习题 3－22 图　机械系统图

3－29　了解按给矿量来控制浮选捕获剂的控制原理和方法。

3－30　经典控制理论的局限性有哪些？现代控制理论的优越性有哪些？

3－31　现代控制理论有哪五个分支？

3－32　什么是系统的状态、状态变量和状态空间？系统的状态空间法与传递函数法有何不同？

3－33　什么是系统的可控性与可观测性？试分别举例说明。

3－34　简单总结最优控制系统、自适应控制的特点。

第 4 章　矿物加工过程计算机控制技术基础

　　计算机的应用给人类社会各个领域带来了广泛而深刻的变化，它改变了传统工业的生产方式，带动了传统产业和其他新兴产业的更新和变革。计算机过程控制技术是计算机技术与工业生产过程相结合的产物，是计算机在工业生产中的应用，是生产过程自动化的基本内容。由于计算机具有强大的计算、逻辑判断和信息加工能力，使得过程控制技术进入了更高级的阶段。在现代工业生产中，计算机控制系统已成为不可缺少的组成部分。事实上，由计算机过程控制技术所实现的生产过程自动化的程度已成为衡量工业企业现代化水平的一个重要标志。

　　计算机控制，是关于计算机技术应用于工业生产过程并进而实现生产过程自动化的一门综合性学科。从计算机应用的角度出发，工业自动化是其重要的一个领域，而从工业自动化的领域来看，计算机控制系统又是其主要的实现手段。可以说，计算机控制系统与用于科学计算及数据处理的一般计算机系统是两类不同用途、不同结构组成的计算机系统。

4.1　计算机控制技术的发展、特点和分类

1. 计算机控制技术的发展历史与发展趋势

1）计算机控制技术的发展历史

　　计算机控制系统的发展是与计算机技术、控制技术的发展密切相关的。计算机控制系统的发展大致经历了 4 个阶段：第 1 阶段是计算机控制系统的开创期；第 2 阶段是直接数字控制阶段；第 3 阶段是集中式计算机控制系统发展时期；第 4 阶段是以微处理器为核心的分层分布式控制系统时期。

　　（1）计算机控制系统的开创期（20 世纪 50 年代）

　　1946 年世界上第一台电子计算机 ENICA 问世。1952 年，计算机首先被用来自动检测化工生产过程的过程参量并进行数据处理。1954 年，人们开始研究计算机的开环控制。1956 年 3 月开始，美国 Texaco 公司研制的 RW－300 计算机控制系统在德州阿塞港的炼油厂聚合装置上投运成功，实现了 26 个流量、72 个温度、3 个压力和 3 个成分量的检测和控制，开辟了计算机控制领域的新纪元，在加工工业、计算机厂商、研究机构中产生了重大影响。在建立过程通道、数据采集、配置实时操作系统、编写控制算法等方面，RW－300 计算机控制系统的各项应用及研究都是开创性的。

　　当时，由于计算机的体积太大，速度太慢，价格昂贵，性能也不可靠，而且计算机控制系统工作与操作指导控制方式，仍然采用常规设备完成控制任务，因此计算机控制并没有得到广泛的应用。随着计算机性能的提高，计算机控制技术也逐步发展，进入了计算机控制系统发展的第 2 阶段。

　　（2）直接数字控制阶段（20 世纪 60 年代初期）

1962 年，英国 ICI 帝国化学公司研究了一台计算机用于过程控制，实现了直接数字控制（DDC），可直接测量 224 个变量，控制 129 个阀门。1960 年至 1965 年，DDC 的应用非常广泛，许多石油化工部门采用 DDC 系统获得了成功。因为当时计算机的过程通道庞大而复杂，系统的抗干扰性比较差，可靠性又不是太好，因此许多计算机控制系统常发生故障。到 20 世纪 60 年代后期，又出现了集中式的计算机控制系统。

（3）集中式计算机控制系统发展时期（1967 年至 1975 年）

20 世纪 60 年代后期是计算机控制系统进入实用和开始普及的阶段。小型计算机的出现使得计算机控制系统可靠性不断提高，成本逐年下降。随着生产规模的不断扩大，被控对象的受控参数越来越多，控制回路也越来越复杂。受设备、控制技术等方面的约束，人们提出了集中式计算机控制系统，用一台计算机对几十个甚至是上百、上千个回路以及过程变量进行检测、控制、显示、操作等。这又带来了新的问题，采用高度集中的控制结构，计算机的负荷过重，功能过于集中，计算机出现的任何故障都会导致严重的后果，使得集中式的计算机控制系统非常脆弱。随着控制理论的发展，控制技术也逐步提高，新的控制要求不断出现，系统结构越来越庞大，集中式控制系统的开发周期越来越长，现场调试、布线施工等耗费了大量的人力、物力，根本满足不了工业生产的控制要求。

（4）以微处理器为核心的分层分布式控制系统（1975 年至今）

20 世纪 70 年代后期，微型计算机的问世，使计算机的发展和应用进入了一个新的阶段，计算机的性能明显提高，为实现分散控制创造了条件。同时网络技术、控制理论、实时控制的安全性和可靠性以及控制结构、控制技术等都在迅猛发展，分层分布式的控制方法得到了重视和应用。分布式计算机控制系统的控制策略是分散控制，集中管理，同时配备友好、方便的人机监视界面和数据共享。功能分散后，技术上更加容易实现，某一部分出现故障，不会影响全局，从而使风险分散，同时也给建立系统的数学模型带来方便。

集散控制系统（DCS）采用分层分布式的递阶控制结构，用计算机对生产过程进行集中监视、操作、管理和分散控制。它以微型计算机为核心把微型机、工业控制计算机、数据通信系统、显示操作装置、输入/输出通道、模拟仪表等有机地结合起来，采用组合、组装式结构组成系统，为实现工业大系统的综合自动化创造了条件。具有配置灵活、组态方便、便于实现生产过程的全局优化等特点，既提高了生产效益，又实现了自动化的全局管理。DCS 在世界范围内获得了广泛的应用，现在已经发展到第 4 代。

现场总线控制系统（FCS）也是采用分层分布式的递阶控制结构，由于采用了智能现场设备，可以把原先 DCS 系统中处于控制室的控制模块、I/O 模块置入现场设备中，现场设备具备通信能力，现场的测量变送仪表可直接与执行机构交换数据。因此控制功能可直接在现场完成，不依赖于控制室的计算机或控制仪表，实现了彻底的分散控制。另外，FCS 中用数字信号代替了模拟信号，一对电线上可传输多个信号，这就大大简化了系统结构，节约了硬件设备和连接电缆。系统的开放性、互用性、可靠性等也得到提高。

随着计算机技术、控制技术、网络技术、软件技术以及智能仪表的不断发展，新型的计算机控制系统会不断出现。

（2）计算机控制系统的发展趋势

随着工业控制领域各种新技术、新理论的出现，微型计算机控制技术也在迅速发展，展望未来，前景广阔。

（1）开放式控制系统的兴起

无论是 DCS、PLC 还是 FCS 虽然都具备结构简单、技术成熟、产品批量大等优点，但是由于各制造商大多采用专用的、封闭的体系结构，其硬件往往按照自身的标准量身定做，因此相对日新月异的生产要求，暴露出了其固有的缺点。用户要想进行功能上的扩展或变化时，必须求助于系统供应商。由于把特殊要求融入控制系统是非常困难的，所以封闭性成为制约控制系统升级换代的瓶颈问题。开放式控制系统是模块化、可重构、可扩充的软硬件系统。根据国际权威机构美国自动化市场研究公司的调查，在亚洲基于 PC 的控制系统、以太网的 I/O 模件等开放式系统的销售额，预计近两年的增幅将达到 145％，在控制系统市场中，开放式系统的增长率远远高于传统的控制系统。开放式系统必将是自动化系统的未来，几乎所有的制造商都认识到了这一点，但是由于市场竞争、经济利益等方面的因素，各公司都在考虑用现有的产品，组合推出形式上的开放式系统，并未实现真正意义上的开放。各系统的体系结构并不一致，相互之间缺乏兼容性和互换性，各厂家的系统不具备可移植性和互操作性，真正实现控制系统的开放性，还有很长的路要走。

（2）推广发展智能控制系统

人工智能的出现和发展，促进了自动控制向更高的层次发展，即智能控制。智能控制是一类不需要人的干预就能自主地驱动智能机器实现其目标的过程，也是用机器模拟人类思维和行为的又一重要领域。智能技术在工业自动化领域得到广泛应用，根据应用功能可以分为信息获取、系统建模、动态控制、过程优化、故障诊断、质量控制、生产调度、商业智能等不同类型。

常用的智能控制策略包括模糊控制、专家控制、学习控制以及神经网络控制等。对于复杂的被控对象，经常采用多种控制策略，通过动态控制特性上的互补来得到满意的控制结果。实际应用中，以一种控制策略为主，配合其他的控制方法，实现智能控制。比如专家控制与模糊控制相结合，形成专家模糊控制器；模糊控制与神经网络控制相配合形成模糊神经网络控制器；神经网络与专家系统结合形成神经网络专家控制器等。

进入 21 世纪，自动控制已经进入数字化、网络化、智能化的新阶段，智能化已经成为控制系统技术水平的重要标志。随着现代智能仪器、仪表的发展，控制系统的智能化水平会越来越高。

（3）采用新型的分层分布式控制系统

网络技术是分层分布式控制系统发展的基础，发展以位总线（Bitbus）、现场总线等先进网络技术为基础的 DCS 和 FCS 控制结构，并采用先进的控制策略，向低成本自动化系统的方向发展。未来生产规模越来越大，控制系统的控制回路及控制参数越来越多，计算机控制系统的结构会日益庞大，控制任务会越来越复杂。虽然计算机的速度越来越快，性能更加可靠，但是必须采用分布式的递阶控制结构，实现功能分散，才能提高系统的可靠性和稳定性，提高企业的自动化程度和管理水平。

（4）基于工业以太网的计算机控制系统

控制网络发展的基本趋势是开放性和通信协议的透明性。随着信息技术的不断飞跃发展，工业控制领域必然会产生一种能够弥补现场总线缺陷，实现全系统统一、高效、实时的控制策略。工业以太网就是适应这一需要而迅速发展起来的控制技术，它是指技术上与商用以太网兼容，但在设计产品时，材质的选择、产品的强度、适用性以及实时性等方面都能满足工业现场的需要。

工业以太网的网络基础设施有网络接口卡、中继器、集线器、交换机、网关、路由器、网桥、桥式路由器等。虽然工业以太网具有通信速率高、易于与 Internet 连接等优点，但是因为实时性、安全性、可靠性等因素的影响，应用于工业控制还要一些时日。

（5）推广应用先进的控制技术

①普及应用可编程逻辑控制器（PLC）。

PLC 是以微处理器为基础，综合了计算机技术、自动化技术和通信技术发展起来的一种通用的自动控制装置，自 1969 年问世以来，已经在冶金、能源、化工、交通等领域中得到广泛应用，是现代工业控制的三大支柱之一。PLC 具有体积小、功耗低、性价比高、抗干扰能力强、编程方便、简单易学、通用性好、实用性强等优点，因而被广泛应用于工业控制领域。随着计算机技术的不断发展，PLC 的发展也日新月异，其功能也越来越强大。现在的 PLC 不但工作速度快，执行一条高级应用指令的时间仅几个或几十个微秒，而且具有强大的逻辑运算功能、丰富的数学计算功能以及可靠的远程通信功能。同时各 PLC 生产厂家也生产了各种配套的功能模块，如数字量输入输出模块、A/D 转换模块、D/A 转换模块、显示模块、PID 调节模块等，使 PLC 的功能有了很大的提高，可以将顺序控制和过程控制结合起来，实现对生产过程的控制，并且系统的可靠性非常好，因而得到了广泛的应用。

②采用智能化的仪器仪表。

智能化的仪器仪表除了具备信号变换、参数补偿、调节参数、驱动执行机构等功能外，还具有运算、控制、特性补偿以及自诊断功能。另外，它不仅可接收 4 mA～20 mA 的直流电流信号，还有 RS232 或 RS422/485 异步串行通信接口，与上位机构成主从式测控网络，可大大提高系统的自动化水平。

③根据应用要求，选择处理器。

现在处理器的类型非常多，同样的控制任务可以选择不同的处理器，设计出不同的控制系统去完成。用户可根据自己的需要，综合考虑体积、成本、速度、功耗、可靠性等因素，选择适合的处理器，比如单片机、工业控制机、PC、PLC、DSP、嵌入式处理器等。

计算机技术、自动控制技术的迅速发展，控制系统结构的多种多样，新技术不断出现，促使计算机控制技术飞跃前进。展望未来，先进的计算机控制系统一定会大大地推动科学技术的进步，提高人们生产和生活的现代化水平。

2. 计算机控制技术的特点

（1）在结构上，计算机控制系统是混合系统

计算机的输入和输出都是数字信息，只能处理数字信号。被控参数为模拟参量时，必须采用 A/D 和 D/A 转换器，实现模拟量和数字量之间的转换，才能用计算机对模拟参量进行数据采集，通过机械或电气手段去控制连续变化的模拟变量。另外用计算机实现生产过程的自动控制，需要处理数字量输入输出信号，比如开关的闭合与断开、继电器的吸合与释放、指示灯的亮与灭、马达的启动与停止、阀门的打开与关闭、系统的启动与停止等。有时还需要用输入缓冲器收集生产过程的状态信息，用输出锁存器锁存状态输出信号，用地址译码器给外围设备分配地址，用总线驱动器扩充总线的负载能力，这些都是系统中的数字部分。因此计算机控制系统中既包含数字部分，又包含模拟部分，在结构上是一个混合系统。

(2)计算机控制系统中包含多种信号形式

计算机控制系统中包含模拟量输入输出通道和数字量输入输出通道，需要通过采样和量化过程把模拟量转换成数字量，完成模拟参量的数据采集；通过 D/A 转换和输出把数字量转换成模拟量，驱动执行机构，达到控制目的，完成控制任务。因此计算机控制系统中包含有连续模拟、离散模拟、离散数字等多种信号形式。而连续时间系统中只使用模拟部件，因此只包含连续模拟信号。

(3)计算机控制系统的分析和设计需要先进控制理论支持

计算机控制系统，在结构上是一个混合系统，包含多种信号形式。从图 4-1 可以看出，如果把计算机控制的闭环系统从 A 和 A'点断开，其输入和输出都是数字信号。因此，可以把计算机控制系统近似地看作离散控制系统，采用离散时间系统的控制理论直接分析和设计数字控制器，这种设计方法称为直接设计法或离散化的设计方法；如果把计算机控制的闭环系统从 B 和 B'点断开，其输入和输出都是模拟信号，因此可以把计算机控制系统近似地看作连续控制系统，采用连续时间系统的分析和设计方法，设计出连续控制器，再把它离散化，求出差分方程，最后编程实现，这种方法称为间接设计法或模拟化的设计方法。经常采用的计算机控制理论包括：采样定理、差分方程、Z 变换法、状态空间理论、最优控制、随机控制、自适应控制、系统辨识等。

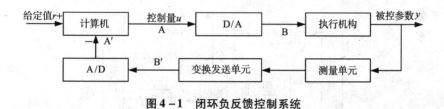

图 4-1 闭环负反馈控制系统

(4)计算机控制系统能实现复杂的控制规律

计算机控制系统的控制规律通过计算机软件来实现。计算机具有很强的运算和逻辑判断能力，只要能够设计出控制算式，不论多么复杂的控制规律，都可编写出控制程序，用计算机来完成。而模拟部件由于受到元件的限制，当频率较低或控制规律比较复杂时，往往难以实现。用程序实现复杂的控制规律，可以提高系统的稳定性，降低成本。

(5)计算机控制系统的控制规律灵活多样

用程序实现控制规律，修改更加容易、方便、灵活。实际控制中，受控对象的模型参数随温度、时间等发生变化，因此用计算机控制时可以在线修改控制参数，适应模型的不确定性。另外改变控制方案时，只需修改控制程序，而不需要改变硬件电路，控制规律灵活多变，而不增加成本，调试也方便。

(6)计算机控制系统可分时控制多个回路

随着生产规模的不断扩大，生产工艺日趋复杂，控制的参数也越来越多。而计算机的运算速度比较快，实时性好，而且有很强的运算能力，因此用计算机可以依次巡回检测各个参数，分时控制多个回路。在大型的计算机控制系统中，采用分布式结构，进行分散控制，可对几百个，甚至几千个回路实时控制，并集中管理。

(7)计算机控制系统提高了企业的自动化程度

在现代化企业中,采用分级分布式控制结构,计算机不仅要承担控制任务,而且还要负责工厂和企业的管理、现场的监控、信息的远程传送等工作,实现企业的控制与管理一体化。利用系统监控组态软件,设计人员可以组态用户界面,操作人员足不出户就可了解现场的各种运行情况,实现远程监控。通过网络,可实现企业的全局管理,进一步提高企业的自动化程度。分级分布式计算机控制系统从上到下分为3级:综合管理级、操作监控级、现场控制级。

3. 计算机控制技术的分类

计算机控制系统与它所控制的生产过程的复杂程度密切相关,不同的控制对象和控制任务,对应着不同的控制系统。按照计算机参与控制的方式,从应用特点、控制目的以及采用的先进控制技术出发,计算机控制系统大致分为以下几种类型。

1)操作指导控制系统(OGC)

操作指导控制系统(Operation Guide Control,OGC)又称为数据采集与处理系统。在这种系统中,计算机只是对采集到的数据进行处理,计算出最优操作条件,并不直接输出控制生产过程,而是显示或打印出来,给操作人员提供能够反映生产过程工况的各种数据,操作人员据此去改变各个控制器的给定值或操作执行器。这些数据仅供操作人员参考,由人进行必要的控制和操作。其组成框图如图4-2所示。

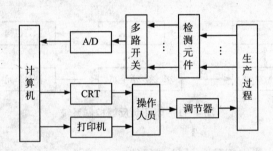

图4-2 操作指导控制系统组成框图

计算机根据所选择的控制算法,对检测元件测出的数据进行计算,从显示器或打印机等设备输出供操作人员选择最佳的操作条件及控制方案。操作人员根据输出信息改变调节器的设定值或者直接操作执行机构。计算机不直接参与生产过程的控制,不直接影响生产过程,对生产对象的控制只起到指导作用。

操作指导控制系统的优点是比较简单,控制灵活,安全可靠,特别适用于没有摸清控制规律的生产过程,常用于计算机控制系统设计的初级阶段,或试验新的数学模型和调试新的控制程序;缺点是离不开人的操作,属于开环控制,速度受到限制,而且不能同时控制多个对象,相当于模拟仪表控制系统的手动和半自动工作状态。

2)直接数字控制系统(DDC)

直接数字控制(Direct Digital Control,DDC)系统是计算机在工业控制领域中应用最为广泛的一种方式。由于计算机的运算速度比较快,而且不需要人工操作,所以一台计算机可以巡回检测多个被控参数,按照控制规律计算出控制量后,分时控制各个执行机构,使被控参数稳定在设定值上,直接控制生产过程。其组成框图如图4-3所示。

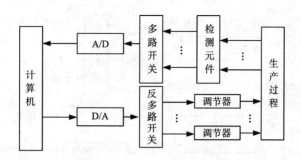

图 4 – 3　直接数字控制系统组成框图

直接数字控制系统的优点是灵活性大，可靠性高，用一台计算机可代替多个模拟调节器，成本较低，而且可以实现比较复杂的控制规律；缺点是计算机直接承担所有的数据采集、处理、显示、报警、计算、控制等功能，对计算机的实时性、可靠性、稳定性要求较高，一旦计算机出现故障，整个系统就会瘫痪。

DDC 系统中的一台计算机不仅完全取代了多个模拟调节器，而且在各个回路的控制方案上，不改变硬件而通过改变程序就能有效地实现各种各样的复杂控制。因此，DDC 系统是计算机在工业生产过程中最普遍的一种应用方式。

3）计算机监督控制系统（SCC）

在 DDC 系统中，用计算机代替模拟调节器进行控制，被控参数的给定值预先设定，并且直接存入计算机内存，它不能根据生产过程的变化及时修改，因此生产工况并不是处于最优状态。

在计算机监督控制（Supervisory Computer Control，SCC）系统中，计算机按照描述生产过程的数学模型，根据生产过程的工艺信息和其他参数，自动计算出最佳给定值，再送给模拟调节器或 DDC 计算机。最后通过模拟调节器或 DDC 计算机控制生产过程，从而使生产过程处于最优的工作状况（比如高质量、高效率、低能耗、低成本等）。SCC 系统不仅可以控制给定值，还可进行顺序控制、最优控制、自适应控制、模糊控制等，比 DDC 系统更加接近实际生产变化过程。系统的控制效果取决于生产过程的数学模型，如果数学模型不精确，控制效果不会很好。

SCC 系统有两种结构形式，一种是 SCC + 模拟调节器的控制系统（也称计算机设定值控制系统，即 SPC），一种是 SCC + DDC 的控制系统。其中，作为上位机的 SCC 计算机按照描述生产过程的数学模型，根据工艺数据与实时采集的现场变量计算出最佳动态给定值，送给作为下位机的模拟调节器或 DDC 计算机，由下位机去控制生产过程。当上位机出现故障时，可由下位机自己独立完成控制任务。由于下位机要直接参与生产过程控制，因而要求实时性好、可靠性高和抗干扰能力强；上位机则承担高级控制与管理任务，应配置数据处理能力强、存储容量大的高档计算机。

（1）SCC + 模拟调节器的控制系统

SCC + 模拟调节器控制系统的组成如图 4 – 4 所示。

该系统是由 SCC 监督计算机巡回检测各个物理量，并按照所建立的精确的数学模型对生产过程进行分析、计算后，得出各个物理量的最优给定值送给模拟调节器。计算机输出的最

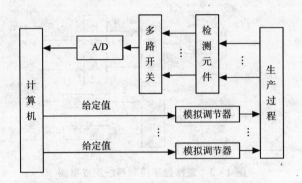

图 4 – 4 SCC + 模拟调节器控制系统的组成

优给定值在模拟调节器中与检测值进行比较后，得到偏差信号，经过模拟调节器调节后控制执行机构，达到控制的目的。因此系统可以根据生产过程的实际变化情况，及时改变给定值，使工况保持在最优状态。没有 SCC 监督计算机的模拟调节器一般不能改变给定值，所以这种系统特别适用于老企业的自动化改造，既用了原有的模拟调节器，降低了成本，又实现了计算机的最优给定值控制，提高了自动化程度。当 SCC 计算机出现故障，模拟调节器可独立完成控制任务。

(2)SCC + DDC 的控制系统

SCC + DDC 控制系统的组成如图 4 – 5 所示。

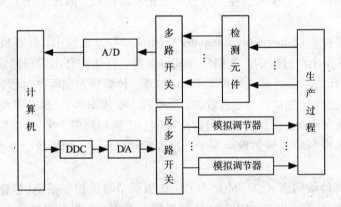

图 4 – 5 SCC + DDC 控制系统的组成

SCC + DDC 控制系统实际是一个二级控制系统，第一级为 SCC 监督计算机，可采用高档的微型计算机，根据实际的生产过程计算最佳给定值，与 DDC 计算机之间通过接口传送信息；第二级为 DDC 计算机，把 SCC 监督计算机输出的最佳给定值与检测值进行比较，得到偏差信号，根据选择的控制算法计算出控制量后，经过 D/A 转换器和反多路开关分别控制各个执行机构，实现控制任务。SCC + DDC 控制系统的控制规律比较灵活，通过软件就可改变控制算法，而且可实现复杂的控制规律。同时用一台计算机可分时控制多个回路，提高了系统的工作效率。当 SCC 监督计算机出现故障时，可由 DDC 计算机完成控制任务，大大提高了系统的可靠性。

4)分布式控制系统(DCS)

分布式计算机控制系统(Distributed Control System，DCS)也称为集散控制系统(Total Distribute Control Srstem，TDCS)，国内习惯上简称DCS，是相对于集中式控制系统而言的一种新型计算机控制系统，它的组成结构如图4-6所示。它采用分散控制、集中操作、分级管理、分而自治、综合协调的设计原则。利用新的控制方法、现场总线智能化仪表、专家系统、局域网络等先进技术，把生产过程的自动控制与信息的自动化管理结合在一起，实现了管控一体化。分布式计算机控制系统采用分级分布式控制结构，用多台微处理器作下位机，分别控制生产过程。

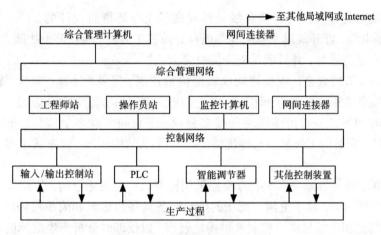

图4-6 DCS计算机控制系统

DCS有如下特点：

①采用分散控制、集中操作、分级管理、分而自治、综合协调的设计原则，大大提高了系统的可靠性。

②吸收了4C技术(Computer、Control、Communication、CRT)。

③形成自上而下的多级控制，包括现场控制级、过程监视级、管理级。

④采用网络方式实现各级间的信息传递。

5)现场总线控制系统(FCS)

现场总线控制系统(Fieldbus Control System)是当今自动化领域发展的热点之一，它是一种应用于生产现场，在现场设备之间、现场设备和控制装置之间实行双向、串行、多节点数字通信的技术，被誉为自动化领域的计算机局域网，是基于分布式控制系统之后的又一代计算机控制系统。

现场总线控制系统(FCS)与传统的分布式控制系统(DCS)相比，具有以下特点。

①开放的互联网络 现场总线控制系统采用开放式互联网络，既可与同构网络互联，还可实现网络数据库的共享，面向所有的产品制造商和用户。通过网络对现场设备和功能模块统一组态，不同厂商的网络和设备融为一体，构成FCS用户可共享网络资源。

②分散的功能块 FCS废除了DCS的输入、输出单元和控制站，把DCS控制站的功能块

分散分配到智能型现场仪表中，从而构成虚拟控制站。每个现场仪表作为一个智能节点，都带有 CPU 单元，可独立完成测量、变换、补偿、校正、调节、诊断以及数字通信等功能，通过网络协议把它们连接在一起统筹工作。由于功能块分散在多台现场仪表中，并可统一组态，用户可灵活选择各功能块构成控制系统，实现彻底的分散控制。任何一个节点出现故障，只影响自身而不会影响到其他节点的工作，大大提高了系统的可靠性。

③设备的互操作性

现场设备或智能仪表种类繁多，用户在设计系统时希望选择性价比高的产品，对不同厂商的现场设备统一组态，构成所需要的控制回路，形成统一的系统。FCS 对不同厂商的现场设备可互相操作，打破了传统 DCS 产品互不兼容的缺点，实现了"即接即用"，用户可自由地集成 FCS。

④现场环境的适应性强　现场总线是针对现场工作环境而设计的，可支持双绞线、光缆、射频、同轴电缆、红外线以及电力线等通信介质施工方便，而且抗干扰能力比较强，能采用两线制实现送电与通信，并可满足安全防爆要求。

⑤功能强大，节约资金　现场智能仪表能执行控制、报警、计算、测量、转换等多种功能，因此不再需要单独的控制器、计算单元、变送器、信号调理、隔离等功能单元，从而节省硬件投资。同时 FCS 的一对传输线可挂接多台仪表，双向传输多个信号，布线工程量比较小，减少了设计、安装的工作量。与传统的 DCS 的主从结构相比，仅布线工程一项即可节省40%的费用。

⑥设计简单，容易维修　FCS 中的设备采用标准化、模块化结构，不同厂家的产品可互相操作，因此设计简单，易于重构。现场的控制设备具备自诊断和简单故障的处理能力，并且通过数字通信把相关信息送给控制室供用户查询，以便即时分析产生故障的原因并快速排除，缩短了维修时间。同时 FCS 结构简单，连线较少，减少了维修的工作量。

⑦系统的可靠性高　FCS 中的设备具备智能化、数字化的特点，系统全部使用数字信号，网络通信中采用了许多防止碰撞、检查纠错的技术措施，提高了测量、通信的准确度，减小了传送误差。同时连线减少，结构简化，分散控制，减少了信号的往返传输，提高了系统的可靠性。

6）嵌入式控制系统

嵌入式系统(Embedded System)诞生至今有 30 多年的历史。依据英国电机工程师协会的定义，嵌入式系统就是用于控制、监视或辅助设备、机器或工厂运作的装置(devices used to control, monitor, or assist the operation of equipment, machinery or plants)，它是一种电脑软体与硬件的综合体，并且特别强调"量身定做"的原则，也就是基于某一种特殊用途，我们就会针对这项用途开发出截然不同的一项系统出来，即所谓的客制化(Customize)。在新兴的嵌入式系统产品中，常见的有手机、掌上 PDA(个人数字处理)、GPS(全球定位系统)、电视机顶盒或是嵌入式伺服器(Embedded Server)及精简型终端设备等。

关于嵌入式系统目前尚无严格的统一定义，通常定义为：嵌入式系统是以应用为中心整合了计算机软件、硬件技术、通信技术和微电子技术，以量体裁衣的方式把所需的功能嵌入到应用系统的设备中，满足应用系统对功能、可靠性、成本、体积、功耗等严格要求的专用计算机系统。它一般由嵌入式微处理器、外围硬件设备、嵌入式操作系统以及用户的应用程序等 4 个部分组成，用于实现对其他设备的控制、监视或管理等功能。嵌入式系统一般指非 PC

系统, 包括硬件和软件两部分。硬件包括处理器、微处理器、存储器及外设器件和 I/O 端口、图形控制器等。软件部分包括操作系统软件(OS)(要求实时和多任务操作)和应用程序编程。有时设计人员把这两种软件组合在一起。应用程序控制着系统的运作和行为; 而操作系统控制着应用程序编程与硬件的交互作用。

嵌入式计算机系统与通用型计算机系统相比具有以下特点。

①嵌入式系统通常是面向特定应用的。嵌入式系统是面向用户、面向产品、面向应用的, 如果脱离应用自行发展, 就会失去方向, 失去用武之地。因此系统的设计和开发必须考虑特定环境和系统的要求, 根据应用要求考虑系统的功耗、体积、成本、可靠性、速度、处理能力、电磁兼容等。

②适用于实时和多任务的体系。嵌入式系统把操作系统和功能软件集成于计算机硬件系统之中, 系统的应用软件与硬件一体化, 类似于 BIOS 的工作方式, 具有软件代码小、高度自动化、响应速度快等特点, 能在较短的时间内完成多个任务。

③集成度高, 技术性强。嵌入式系统将先进的计算机技术、半导体技术和电子技术与各个行业的具体应用相结合, 决定了它必然是一个技术密集、资金密集、高度分散、不断创新的知识集成系统。嵌入式系统的硬件和软件都必须高效率地设计, 量体裁衣、去除冗余, 才能在同样的硅片面积上实现更高的性能, 完成用户的具体要求。

④生命周期长, 发展稳定。嵌入式系统和具体应用有机地结合在一起, 它的升级换代也是和具体产品同步进行, 因此嵌入式系统产品一旦进入市场, 具有较长的生命周期。嵌入式系统中的软件一般都固化在只读存储器中, 而不是以磁盘为载体可以随意更换, 所以嵌入式系统的应用软件生命周期也和嵌入式产品一样长。另外, 各个行业的应用系统及产品, 和通用计算机软件不同, 很少发生突然性的跳跃, 嵌入式系统中的软件也因此更强调可继承性和技术衔接性, 发展比较稳定。嵌入式处理器的发展也体现出稳定性, 一个体系结构及其相关的片上外设、开发工具、库函数、嵌入式应用产品是一套复杂的知识系统, 一般要存在 8 年到 10 年的时间。

⑤系统的开发需要工具和环境。嵌入式系统本身不具备自主开发能力, 即使设计完成以后用户通常也是不能对其中的程序功能进行修改的, 必须有一套开发工具和环境才能进行开发。

嵌入式系统的核心是嵌入式微处理器和嵌入式操作系统。嵌入式微处理器具备多任务的处理能力、集成度高、体积小、低功耗、实时性强、有强大的数据存储区保护功能等特点, 有利于嵌入式系统设计的小型化, 提高软件的诊断能力, 满足系统的移动性要求。嵌入式操作系统具备可定制性、可移植性、实时性、资源占有率比较低的特点, 用户可根据需要自行配置, 灵活选择微处理器。常见的嵌入式操作系统有 vxWorks、PSOS、Neculeus、Palm OS、嵌入式 linux 和 Windows CE 等。我国自主开发的嵌入式系统软件产品如科银(CoreTek)公司的嵌入式软件开发平台 Deltasystem, 它不仅包括 DeltaCore 嵌入式实时操作系统, 而且还包括 lamdaTools 交叉开发工具套件、测试工具、应用组件等。

4. 工控机简介

计算机控制技术发展至今, 为适应不同行业、不同工艺设备的需求, 工业计算机已形成了几种典型的常用机型, 现从结构原理、应用特点方面作简单介绍。

(1)可编程控制器(PLC)

可编程逻辑控制器（Programmable Logic Controller）是计算机技术和继电逻辑控制概念相结合的产物，其低端为常规的继电逻辑控制的替代装置，而高端为一种高性能的工业控制计算机。

1985 年 1 月，IEC（国际电工委员会）作了如下定义：PLC 是一种数字运算操作的电子系统，专为工业环境下应用而设计。它采用可编程序的存储器，用来在其内部存储执行逻辑运算、顺序控制、定时、计数和算术操作的指令，并通过数字式、模拟式的输入和输出，控制各种类型的机械或生产过程。可编程控制器及其有关设备，都应按易于使工业控制系统形成一个整体，易于扩充其功能的原则来设计。

PLC 具有以下鲜明的特点。

①系统构成灵活，扩展容易，以开关量控制为其特长；也能进行连续过程的 PID 回路控制；并能与上位机构成复杂的控制系统，如 DDC 和 DCS 等，实现生产过程的综合自动化。

②使用方便，编程简单，采用简明的梯形图、逻辑图或语句表等编程语言，而无需计算机知识，因此系统开发周期短，现场调试容易。另外，可在线修改程序，改变控制方案而不必拆动硬件。

③能适应各种恶劣的运行环境，抗干扰能力强，可靠性强，远高于其他各种机型。

总之，PLC 是目前工业控制中应用最为广泛的一种机型。

（2）可编程调节器

可编程调节器（Programmable Controller）又称单回路调节器、智能调节器、数字调节器。它主要由 MPU（Micro Processor Unit）单元、过程 I/O 单元、面板单元、通信单元、编程单元等组成。

可编程调节器实际上是一种仪表化了的微型控制计算机，它既保留了仪表面板的传统操作方式，易于为现场人员接受，又发挥了计算机软件编程的优点，可以方便灵活地构成各种过程控制系统。但是，它又不同于一般的控制计算机，系统设计人员在硬件上无需考虑接口问题、信号传输问题和信号转换问题，在软件编程上也只需使用一种面向问题的 POL（Problem Oriented Language）语言。

这种 POL 组态语言为用户提供了几十种常用的运算和控制模块。其中，运算模块不仅能实现各种组合的四则运算，还能完成函数运算。而通过控制模块的系统组态编程更能实现各种复杂的控制过程，诸如 PID、串级、比值、前馈、选择、非线性、程序控制等等。而这种系统组态方式又简单易学，便于修改与调试，因此，极大地提高了系统设计的效率。

可编程调节器还有断电保护和自诊断功能，使系统的可靠性得以保证。

另外，通信单元（通信接口）使之能与集中监视操作站、上位机通信，组成多级计算机控制系统，实现各种高级控制和管理。

因此，可编程调节器不仅可以作为大型分散控制系统中最基层的控制单元，而且可以在一些重要场合下单独构成复杂控制系统，完成 1～4 个控制回路，其在过程控制中的广泛应用是不言而喻的。

（3）单片微型计算机

随着微电子技术与超大规模集成技术的发展，计算机技术的另一个分支——超小型化的单片微型计算机（single chip Microcomputer）简称单片机诞生了。它抛开了以通用微处理器为核心构成计算机的模式，充分考虑到控制的需要，将 CPU、存储器、串并行 I/O 接口、定时/

计数器，甚至 A/D 转换器、脉宽调制器、图形控制器等功能部件全都集成在一块大规模集成电路芯片上，构成了一个完整的具有相当控制功能的微控制器。这种单片机有两种结构：一种是将程序存储器和数据存储器分开，分别编址的 Harvard 结构，如 MCS—51 系列；另一种是对两者不作逻辑上区分，统一编址的 Pinceton 结构，如 MCS—98 系列。

由于单片机具有体积小、功耗低、性能可靠、价格低廉、功能扩展容易、使用方便灵活、易于产品化等诸多优点。特别是具有强大的面向控制能力，使它在工业控制、智能仪表、外设控制、家用电器、机器人、军事装置等方面得到了极为广泛的应用。

单片机自身的特点和应用场合，决定了单片机应用系统的开发与一般计算机不同。由于单片机是面向控制设计的，专用性强，内存容量小，人机接口功能不强。因此，单片机本身不具备自开发功能，必须借助于仿真器或开发系统与单片机联机，才能进行硬、软件的开发与调试。

单片机的应用软件多采用面向机器的汇编语言，这需要较深的计算机软件和硬件知识，而且汇编语言的通用性与可移植性差。随着高效率结构化语言的发展，其软件开发环境已在逐步改善。目前，市场上已推出了面向单片机结构的高级语言，如 Intel 公司的 PL/M 结构化程序设计语言和 C 语言等。

单片机的应用从 4 位机开始，出现了 8 位、16 位、32 位四种机型。但在小型测控系统与智能化仪器仪表的应用领域里，8 位单片机因其品种多、功能强、价格廉，目前仍然是单片机系列的主流机种。

(4)总线式工控机

随着计算机设计的日益科学化、标准化与模块化，一种总线系统和开放式体系结构的概念应运而生。总线即是一组信号线的集合，一种传送规定信息的公共通道。它定义了各引线的信号特性、电气特性和机械特性。按照这种统一的总线标准，计算机厂家可设计制造出若干具有某种通用功能的模板，而系统设计人员则根据不同的生产过程，选用相应的功能模板组合成自己所需的计算机控制系统。这种采用总线技术研制生产的计算机控制系统就称为总线式工控机。总线式工控机在一块无源的并行底板总线上，能插接多个功能模板。除了构成计算机基本系统的 CPU、RAM/ROM 和人机接口板外，还有 A/D、D/A、DI、DO 等数百种工业 I/O 接口和通信接口板可供选择。其选用的各个模板彼此通过总线相连，均由 CPU 通过总线直接控制数据的传送和处理。

这种系统结构的开放性方便了用户的选用，从而大大提高了系统的通用性、灵活性和扩展性。而模板结构的小型化，使之机械强度好，抗振动能力强；模板功能的单一，便于对系统故障的诊断与维修；模板的线路设计布局合理，即由总线缓冲模块到功能模块，再到 I/O 驱动输出模块，使信号流向基本为直线，这都大大提高了系统的可靠性和可维护性。另外在结构配置上还采取了许多措施，如密封机箱正压送风、使用工业电源、带有 watchdog 系统支持板等等。

总之，总线式工控机具有小型化、模板化、组合化、标准化特点，能满足不同层次、不同控制对象的需要，又能在恶劣的工业环境中可靠地运行，应用领域极为广泛。

目前我国工控领域的主流机型当首推 51D 总线工控机，它有三种系列：Z80 系列、8088/8086 系列和单片机系列。其中 8088/8086 系列与 IBM PC 机 100%兼容、与 MSDOS 和 windows 100%兼容，使得它置身于 IBM PC 同样的软件环境中，使其具有无限的生命力。另一方面，一种融PC机软硬件资源与工控机结构为一体的新型工业PC机——PC总线工控机正以更优越的性能进入市场。

工控机即工业控制计算机，也叫做工业个人计算机（Industrial Personal Computer），英文简称IPC。工控机通俗的说法就是专门为工业现场而设计的计算机，也可以理解为产业电脑或工业电脑。工控机是一种加固的增强型个人计算机，是从PC机演变过来的。因为工业过程的一些工作环境，比如说：工业现场，那里的环境是很恶劣的，一般PC工作不了，所以就产生了工业控制计算机。主要表现在：工控机插槽的可扩展性、抗震、防尘、防潮湿等等，它可以作为一种工业控制器在工业环境中可靠运行。随着工控机所应用的行业越来越多，现在也超出了只应用在工业现场的范围，比如说现在很多网络安全方面的硬件、数字监控录像机等，都用到了工控机。早在上世纪80年代初期，美国AD公司就推出了类似IPC的MAC-150工控机，随后美国IBM公司正式推出工业个人计算机IBM7532。由于IPC的性能可靠、软件丰富、价格低廉，而在工控机中异军突起，后来居上，应用日趋广泛。目前，IPC已被广泛应用于通讯、工业控制现场、路桥收费、医疗、环保及人们生活的方方面面。

工业现场一般具有强烈的震动，灰尘特别多，另有很高的电磁场干扰等特点，且一般工厂均是连续作业，即一年中一般没有休息。因此，工控机与普通计算机相比必须具有以下特点。

①机箱采用钢结构，有较高的防磁、防尘、防冲击的能力。

②机箱内有专用底板，底板上有PCI和ISA插槽。

③机箱内有专门电源，电源有较强的抗干扰能力。

④要求具有连续长时间工作的能力。

除了以上的特点外，其余与PC基本相同。另外，由于以上专业特点，同层次的工控机在价格上要比普通计算机偏贵，但一般不会相差太多。

工控机的应用领域自1984年国内开始从事开发和推广应用工控机以来，已被广泛地应用于钢铁冶金、石油化工、机电成套设备、医药食品、数控机床、工业炉窑等工业领域，以及军工和科研设备中。尽管工控机与普通的商用计算机相比，具有得天独厚的优势，但其劣势也是非常明显的——数据处理能力差，具体如下。

①配置硬盘容量小。

②数据安全性低。

③存储选择性小。

工控机的生产厂家很多，国外的主要有西门子公司、英德斯公司。国内主要有研华（台湾）、研祥、艾讯科技、天拓明达、联想等。下面就研华和Intel公司的工控机作一简单介绍。

（1）研华IPC系列工业控制计算机

台湾研华公司是较早生产PC总线工业控制计算机的厂家之一，其产品具有较高的性价比，且品种齐全，系统配置可根据需要灵活选择。性能特点简单介绍如下：

①PC总线机箱，全钢结构，多种型号，150~350W工业级电源，3~12槽PC/AT总线插槽，模板防震卡架，正压防尘风冷系统。

②多种型号的All-in-one CPU模板，Intel80286/80386/80486CPU，512KB~64MB内存，软、硬盘控制器，两个RS—232C串行口和一个Centronics并行口，实时时钟/日历，协处理器插座，360/720KB电子盘及watchdog Timer，7个DMA通道，15级向量中断。

③多种单色、CGA、EGA、VGA、TVGA、SVGA 彩色显示器，符合工业标准，具有多种尺寸及分辨率。

④工作站采用轻触薄膜键盘，台式机采用 l01 键标准键盘。

⑤丰富的模拟量、开关量 I/O 模板。

⑥多种配套的测控软件包及结构化组态软件。

（2）Intel 302i 工业控制计算机

Intel 302i 是美国 Intel 公司生产的 AT 总线的工业控制计算机，采用 386DX CPU，标准可上架全钢结构机箱，配有悬浮式抗震硬盘及正压防尘风冷系统，前面板带有钢塑门可提供安全保护，带防振卡架的 8 个扩展槽可配以各种 I/O 模板，完全满足工业控制系统的要求，其中的两个 AT32 扩展槽可插入 32 位闪速存储器（FLASH MEMORY）板，从而取代机械磁盘。

Intel 320i 可运行如下软件：

①iRMX Ⅱ 实时多任务操作系统。

②DOS/RMS 实时多任务操作系统，RMS 可将 DOS，UCDOS，WINDOWS 作为子任务调用，把良好的人机界面、丰富的图形功能与实时多任务巧妙地结合起来。

③PC - OS，MS—DOS，Unix，Xenix，OS/2 等操作系统和汉字操作系统。

④各种网络软件。

此外，为满足工业控制领域的要求，北京的多家科研院所和高等院校组成了全国工业控制计算机联合开发委员会，推出的 IPC 8500 工业控制计算机，也得到了广泛的应用。

4.2　矿物加工过程直接数字控制系统（DDC）

4.2.1　直接数字控制系统（DDC）的硬件构成

DDC 系统的硬件模板式结构如图 4 - 7 所示，主要由主控单元、输入输出单元和操作显示单元组成。其中主控单元是一块集成的主机板，板上有主机 CPU 及内存、串口、并口、网络接口和外部设备接口，并可以外接硬盘、软盘和光盘驱动器。操作显示单元的 CRT 显示器、键盘、鼠标和打印机也连接到主机板的对应端口。输入、输出单元的 AI 板、AO 板、DI 板和 DO 板用作过程 I/O 数据通道。主机板、AI 板、AO 板、DI 板和 DO 板都插在总线母板上，并安装于一个机箱内或机架内。现以工业 PC 机（IPC）为例，一个机箱或机架内有一块符合 PC 总线（ISA 或 PCI）标准的总线母板，除了插入一块必须配置的主机板外，其他 I/O 板可以由用户按需要灵活配置。

DDC 系统的另一种硬件组成结构如图 4 - 8 所示，主控单元和输入输出单元采用模块式结构，其中 AI 模块、AO 模块、DI 模块、DO 模块通过串行通信总线（如 RS—485）与主控单元模块连接。其特点是主控单元和输入输出单元可以分离，而且输入输出模块可以分散安装于生产现场，亦称远程 I/O 单元。

DDC 系统的硬件形式有上述模板式和模块式两种，其安装方式又可以分为盒式、台式和柜式三种。

盒式（box）是将主控单元、输入输出单元和操作显示单元集于一体，盒正面是 LCD 显示器（12 英寸 ~17 英寸）和薄膜式键盘。盒式结构体积小，重量轻，可以直接安装于生产设备

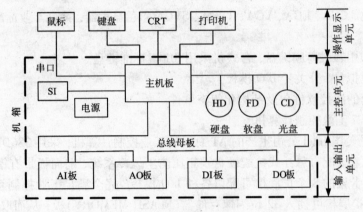

图 4 - 7　DCC 硬件结构之一

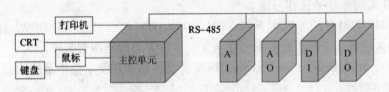

图 4 - 8　DCC 硬件结构之二

上,便于现场操作监视,适用于小型数据采集和控制系统。

台式(desk)是将主控单元和输入输出单元集中于一个机箱内,再将该机箱以及显示器、键盘、鼠标、打印机置于操作台或终端桌上。台式结构体积大,部件多,适用于中型数据采集和控制系统。

柜式(panel)是将主控单元集中于主机箱内,输入输出单元集中于 I/O 机箱内,或将这两个单元集中于一个机箱内,这些机箱适用于盘式或机柜式安装,另外再将显示器、键盘、鼠标、打印机置于操作台或终端桌上。柜式结构体积较大,部件较多,适用于大型数据采集和控制系统。

1. DDC 系统的主控单元

DDC 系统的主控单元是一块集成的主机板,板上有 CPU、内存、串口、并口、网络接口和外部设备接口,并可以外接硬盘、软盘和光盘驱动器,以及显示器、键盘、鼠标和打印机。主控单元是 DDC 系统的核心,设计主控单元首先是选择 CPU、总线及接口,也就是要确定机型,现以工业 PC 机为例。

(1)主机 CPU

工业 PC 机(IPC)的通用 CPU 是 Intel 80386、80486 及 Pentium 系列等,主频取决于 CPU (如 33MHz ~ 850MHz ~ 2000MHz)。

(2)主机总线

随着计算机设计的日益科学化、合理化、标准化和模块化,计算机总线概念也逐渐形成和完善起来。总线就是一些引线的集合,它定义了各引线的信号、电气和机械特性,使计算机系统内部的各部件之间以及外部的各系统之间建立信号联系,进行数据传送和通信。

总线的目的有两个:一是生产厂能按照统一的标准设计制造计算机;二是用户可以把不

同生产厂制造的各种型号的模板或设备用一束无源的标准总线互相连接起来，因而可方便地按各自需要，来构成各种用途的计算机系统。

采用总线标准设计、生产的计算机模板和设备的兼容性强。因为接插件的机械尺寸，各引脚的定义，每个信号的电气特性和时序等都遵守统一的总线标准。按照统一的总线标准设计和生产出来的计算机模板和设备，经过不同的组合，可以配置成各种用途的计算机系统。因此，促进了计算机系统的开发和应用。

总线的种类很多，按其功能和结构可分为内部总线、外部总线、并行总线和串行总线。

（3）主机板

主机板是主控单元的核心。例如，工业 PC 机的主机板上集成了 CPU、内存储器、外存储器（硬盘、软盘、光盘驱动器）接口、串行通信总线接口、并行通信接口、显示器接口、键盘接口等等。这样的主机板，集成了多种功能被称为一体化主板。

如果将工业控制计算机安装于生产现场，周围环境恶劣，机械设备振动大时，一般不采用硬盘、软盘和光盘驱动器，而采用电子盘，并用后备电池，保证停电后不丢失电子盘中的数据。

2. DDC 系统的输入/输出单元

DDC 系统的输入输出单元由各种类型的 I/O 模板组成，常用的有 AI 板、AO 板、DI 板和 DO 板。输入输出单元是 DDC 系统的基础，设计该单元首先要确定结构方式，然后提出技术性能指标，最后进行设计和制造。

输入输出单元的结构方式可以分为模板式和模块式两种。模板式结构的各类 I/O 板插在总线母板上。例如，ISA 总线母板，ISA 和 PCI 总线母板，这样可以将各类 I/O 板和主机板都插在总线母板上，并安装于一个机箱内，即将主控单元和输入输出单元集中安装，这种混合式结构如图 4 – 9（a）所示。另一种分离式结构如图 4 – 9（b）所示，输入输出单元中除了各类 I/O 板外，还有 I/O 主板用于信号处理，并提供串行通信接口（如 RS – 232、RS – 422 和 RS – 485）或网络通信接口，再与主控单元连接。

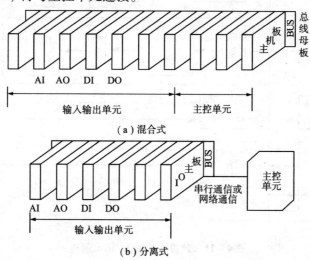

图 4 – 9 输入输出单元的模板式结构

模块式结构的各类 I/O 模块用串行通信总线（如 RS – 485）连接起来，再与主控单元模块连接，如图 4 – 10 所示，其特点是主控单元和输入输出单元分离。各类 I/O 模块分散安装于生产现场，每个模块上提供信号接线端子，这样现场传感器、变送器和执行器的信号线可以就地连接，简化了安装，并节省了信号线。

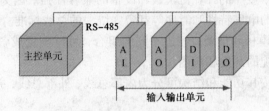

图 4－10　输入输出单元的模块式结构

常用的 I/O 类型有模拟量输入（AI）、模拟量输出（AO）、开关量输入（DI）和开关量输出（DO），每种类型中又可以按信号类型分为几种。

（1）模拟量输入（AI）

计算机只能处理二进制的数字量信号，但一般传感器的输出信号是模拟量信号。因此生产过程中的各模拟量信息，要经由模拟量输入通道转换成计算机能接受的数字量信息，方能传送给计算机。为此，必须进行下列工作：对生产过程的有关变量进行采样；微弱的测量信息一般要放大；模拟量信息要转换为数字量信息。

为完成上述工作，模拟量输入通道包括采样器、放大器、数模（A/D）转换器等。这些设备通过标准接口与计算机相连接（见图 4－11）。

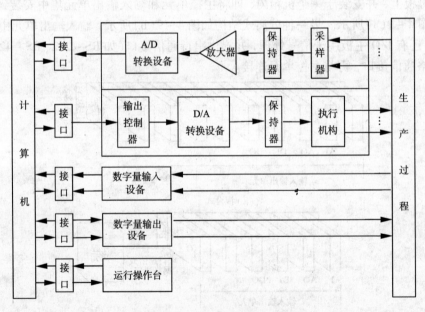

图 4－11　计算机的输入/输出通道

（2）模拟量输出（AO）

由于计算机的计算结果是二进制码，而执行机构的控制输入则大都需要模拟信号，模拟量输出通道的任务就是把计算机的运算结果（一系列二进制的数码信号）转换成相应的模拟量信号，输出到执行机构中去，以达到预定的控制要求(见图4-12)。

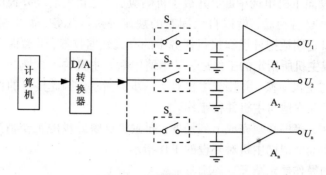

图4-12 模拟输出量保持器
S—开关；A—放大器；U—输出电压

模拟量输出通道主要由输出控制器，模/数(D/A)转换器和保持器等组成。

模拟量输出通道有不同的结构，但不论何种模拟量输出通道，都必须具有D/A转换器。D/A转换器是模拟量输出通道的核心部件。因为一台计算机要控制若干个回路，而第一时刻却只能输出一个回路的控制信号，因此需要用输出控制器实现对控制回路的切换。这样每个回路只在一个控制周期的最初时刻得到一个短暂的离散控制信号。为了将此离散的控制信号变成机电执行机构能够接受的连续信号，就要在控制周期内，用保持器把离散的模拟信号存储起来，成为连续的模拟信号。

保持器将模拟信号的瞬时值存储在电容器中，从而保证在整个周期内，输出信号值不变。有些D/A转换器本身就具有保持信号的功能，能直接输出连续的模拟信号，例如步进电机式D/A转换器等，就不必另设保持器装置。

(3)数字量(开关量)输入通道(DI)

控制计算机输入输出数据中的数字量，是指生产过程中只代表两种状态的离散信号。例如表示开与关、限内与限外、高与低等信号和脉冲串(例如涡轮流量计的输出信号就是以单位时间内的脉冲数来表示流量比例的)。数字量信号只有信号的有与无两种状态，或者是表示该信号的延续时间。在向计算机输入数字量时，因为计算机能识别数字量，所以不存在转换问题，数字量输入通道的主要作用是根据计算机的指令，将各有关回路的数字量的信息分时地传送进去，并将其送到相应的寄存器中去。

(4)数字量(开关量)输出通道(DO)

数字量输出通道的作用，是把需要从计算机送出的二进制代码，输出到生产现场，去控制双位式执行机构，它们主要是双态开关，声、光报警等。因此数字量输出通道实质上是个开关回路的选通线路，能够根据计算机的指令，把二进制信息从计算机指定的回路送出。

(5)接口

计算机的主机工作速度是很快的，小型控制机的速度为每秒几百万、几千万次甚至更高。外围设备(外设)的工作速度则比较慢，一般每秒几十到几千次。而外设又必须受主机控制而工作。为了发挥主机的工作效率，主机在向外设发出命令后，应该让外设独立去完成任务，而在外设完成这条命令前，主机应该着手完成其他任务。所以在主机与外设之间，要有一个联系的装置，称为接口。

接口是一个电子线路板，其作用是向主机反映外设的工作状态，接受并存储主机对外设的工作指令。当外设向主机申请中断，并被主机响应后，主机就启动外设的一个通道去完成一项工作指令。外设被启动后，就以自己固有的规律去执行任务，而主机则去进行其他工作。在此期间，接口定期地把外设在执行任务中的有关数据收集，并暂时存放在接口的寄存器中，等到外设完成主机所指定的工作后，又申请中断。主机再一次响应中断后，接口将寄存器中的数据信息与主机交换，并接受主机对下一步的指示。因此接口的作用是既使外设受主机控制，又使外设独立地与主机并行工作。

为保证上述作用，接口必须完成下列任务：向主机反映外设的工作情况；暂存主机给外设或外设给主机的信息；记忆主机对外设的工作指示。

3. DDC 系统的操作显示单元

DDC 系统的操作、显示单元的主要设备有显示器（CRT 或 LCD）、键盘、鼠标和打印机等。

（1）显示器

常用的显示器有 CRT 和 LCD 两种，主要性能如下：

屏幕尺寸：CRT 为 14 英寸～28 英寸，LCD 为 12 英寸～17 英寸。

图像分辨率：1280 X 1024 或更高，VGA/SVGA/TVGA。

显示颜色：基色 256 种，扩展至 25600 种组合。

触摸屏输入可以使操作员用手指或其他介质与屏幕接触，进行相应的信息选择或操作，用来代替键盘和鼠标。触摸屏输入由触摸检测器和触摸屏控制器两部分组成。其中触摸检测器负责检测操作员的触点在屏幕上的位置或坐标，并将该位置或坐标送给触摸屏控制器。触摸屏控制器再将触点位置转换成相应的计算机信息，进行操作监视。按触摸屏的原理可以分为以下 5 类。

①电阻式触摸屏　触摸屏表面有一层电阻体，当触摸屏幕时，触摸点电阻值变化引起电压值变化，再将电压值转换成触摸点的坐标值。

②电容式触摸屏　触摸屏表面有一层导电体，当用导电体触摸屏幕时，改变了周围分布的电容值，电容值的变化继而转换成触摸点的坐标值。其特点是要求用导电物质来触摸。

③力感式触摸屏　屏幕表面有两块平行板，板间有多个由两平行片组成的电容器。当触摸某点时，引起该点平行片之间距离变化，再引起电容值的变化进而转换成触摸点的坐标。

④红外线式触摸屏　屏幕四周有红外线发射和接收元件，形成 XY 方向红外线探测网。当触摸物体进入网区内，将使触摸点的红外线特性改变，进而转换成触摸点的坐标值。

⑤表面声波式触摸屏　一种高频声波跨越屏幕表面，当触摸屏幕时，触摸点周围声波特性改变，进而转换成触摸点的坐标值。

（2）键盘

键盘输入是一种最基本、广泛使用的操作设备。例如，PC 机常用的 101 键标准键盘。

按照键盘材料可分为打击式和薄膜式两种，其中打击式又有机械式和电容式之分。打击式键盘使用最为广泛，价格也低，其缺点是不防尘不防水，只能在办公环境中使用。在工业控制计算机中，通常采用薄膜式键盘，盘面用无缝隙的薄膜塑料和硅胶制成，因此能防尘防水，适用于恶劣环境。

按照键盘功能可分为标准式和专用式两种。例如，PC 机常用的 101 键盘属于标准式键盘。为了配合某类工业控制的特殊操作而设计专用式键盘，每个键的定义与某个特定的操作相对应，并在相应按键上印刷专用操作名称，从而使操作更为直观方便。

（3）鼠标

鼠标输入也是一种最基本、广泛使用的操作设备。尤其是在窗口（Windows）软件界面中，几乎都需要使用鼠标。普遍使用的鼠标是机械式和光电式，适用于一般计算机，另外在一些计算机上还使用一些特殊的鼠标。

（4）打印机

打印机是一种最基本、广泛使用的输出设备。一般用于打印文件资料、数据报表和事故记录。在工业控制计算机中实时打印事故记录或事故记忆信息，可以供操作员分析事故之用。常用的打印机类型有点阵式打印机、喷墨式打印机和激光式打印机。其中点阵式打印机在工业控制计算机中使用比较普遍，因其打印纸能连续折叠，可打印出较长的数据信息，便于分析和存档。

4.2.2 直接数字控制系统（DDC）的控制过程

综上所述，DDC 系统的调节过程如图 4–13 所示。即各传感器把生产过程的有关物理量变换为电信号，经低通滤波器滤波后，由输入通道中的采样器，按照采样周期、顺序采入相应测量点的测量信号，经放大器放大，按照量化精度，进行 A/D 转换，变成数字量信号，通过接口将信号输入计算机。计算机对输入信号进行调节规律运算，计算出各调节回路在控制周期所需施加的调节作用量，通过接口将调节作用量送往输出控制器，由输出控制器选通到相应的输出回路，再送入 D/A 转换器，按照量化的精度转换成离散的模拟量，再经保持器，把调节作用变成连续的模拟量。由保持器输出的信号就可去直接操纵执行机构动作，完成生产过程参数的调节作用。

4.2.3 DDC 系统中的基本调节规律

1. PID 调节规律

目前在 DDC 系统中的基本调节规律，仍采用 PID 调节规律，矿物加工过程 DDC 系统也是如此，一般都以模拟调节器的 PID 调节规律为基础。

$$u = K_c\left(e + \frac{1}{T_i}\int edt + T_d\frac{de}{dt}\right) \qquad (4-1)$$

DDC 系统控制多个调节回路时，是按一定周期 T，依一定次序轮流进行采样和控制，并用数字量进行计算。为便于计算机计算，要将式（4–1）变成差分近似表达式。

即对上式的积分项，用求和式来进行，即

$$\int_0^t edt \approx \sum_{i=0}^n e_{(i)}T$$

式中：$e_{(0)}$、$e_{(1)}$、$e_{(2)}$、$\cdots$、$e_{(n)}$ 为在第 0、T、$2T$、$\cdots$、nT 周期时的偏差值。

微分项用差商来代替，即

$$\frac{de}{dt} \approx \frac{e_n - e_{n-1}}{T}$$

$$e_n = x_r - x_{(n)}$$

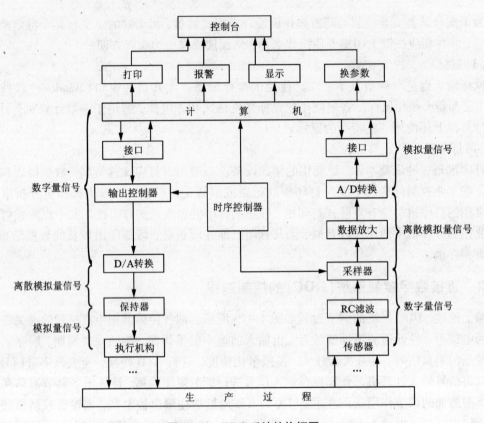

图 4 – 13 DDC 系统结构框图

在 DDC 系统中 PID 调节规律为如下差分式

$$u[n(T)] = u_{(n)} = K_c\left\{e_n + \frac{T}{T_i}\sum_{i=0}^{n} e_{(i)} + \frac{T_d}{T}\left[e_{(n)} - e_{(n-1)}\right]\right\}$$

在 DDC 系统中的 PID 调节规律常用位置式及增量式算法。还可以利用计算机的逻辑判断 ALCE，采用 PID 的选择性控制和积分分离算法。

(1)位置式 PID 算式

位置式 PID 算式是指该种调节规律的输出 $u_{(n)}$ 对应执行机构的实际位置(例如阀芯的位置)。其算式为

$$u_{(n)} = K_c\left\{e_n + \frac{T}{T_i}\sum_{i=0}^{n} e_{(i)} + \frac{T_d}{T}\left[e_{(n)} - e_{(n-1)}\right]\right\}$$

设积分系数 $K_i = \frac{T}{T_i}K_c$，微分系数 $K_d = \frac{T_d}{T}K_c$

则 $$u_{(n)} = K_c e_{(n)} + K_i \sum_{i=0}^{n} e_{(i)} + K_d\left[e_{(n)} - e_{(n-1)}\right] \tag{4-2}$$

要按式(4 – 2)——对应计算出 $u_{(n)}$ 值与执行机构的位置,不仅需要计算机对 $e_{(n)}$ 进行累加,而且计算机的任何故障都会使 $u_{(n)}$ 大幅度变化,对安全生产不利。

(2)增量式 PID 算法

增量式算法,是指其输出值 $\Delta u_{(n)}$,表示此刻执行机构的位置(例如阀芯位置)比原有位

置增减的量。其算式是

$$\Delta u_{(n)} = u_{(n)} - u_{(n-1)} \tag{4-3}$$

根据式$(4-2)$，对于第$(n-1)$次采样时的控制算式为

$$u_{(n-1)} = K_c e_{(n-1)} + K_i \sum_{i=0}^{n-1} e_{(i)} + K_d [e_{(n-1)} - e_{(n-2)}] \tag{4-4}$$

将式$(4-2)$、$(4-4)$代入式$(4-3)$得

$$\Delta u_{(n)} = K_c [e_{(n)} - e_{(n-1)}] + K_i e_{(n)} + K_d [e_{(n)} - 2e_{(n-1)} + e_{(n-2)}] \tag{4-5}$$

式$(4-5)$即为 DDC 的增量方程式。计算机将计算的结果 $\Delta u_{(n)}$ 经变换后输出给执行机构。执行机构将根据这一信号数值的正负和大小，决定调节作用的增减及大小（例如，决定应将阀门开大还是关小及变化的量有多大）。

增量式输出的优点是：计算机只输出增量，产生误动作时对生产影响小，必要时可加逻辑保护；手动 - 自动切换时冲击小；算式中不需要累加，增量只与最近几次采样值有关，容易获得较好的效果；所占内存容量少。

所以目前 DDC 系统用 PID 调节增量式算法较多。

（3）选择性控制和积分分离算法

①选择性控制

选择性控制是为防止生产过程发生意外事故或对不同的工艺条件范围，需要不同调节规律的情况下使用的一种控制方法。

选择性控制的核心是一个逻辑判断环节，一般由两个相互独立的调节回路及一个逻辑判断环节组成，当生产过程的被调量处于正常范围时，由正常回路进行控制；当被调量处于极限状态时，则正常的控制回路断开，由事故处理控制回路进行控制。

例如在磨机给矿量定值控制中，在正常处理量以内采用 PI 算法。而由于某种原因使矿量增大到极限 q_m 时，即 $q_m(n) - q(n) \leq 0$ 时{$q(n)$为实际处理量}，选择性控制就自动取消给矿量 PI 算法控制，而采用 P 算法来控制，使处理量迅速恢复到正常处理量范围以内。当处理量恢复到正常范围后，即 $q_m(n) - q(n) > 0$ 时，控制系统又自动选择正常的 PI 控制。选择控制原理见图 4-14。控制程序框图见图 4-15。

选择性控制起初仅用于安全操作，目前已使用得愈来愈广泛，用于要求各种不同工艺条件的情况，需要选择不同的调节规律，或要求选择不同的控制算式系数，或要求选择不同的模型系数等情况。它现已发展成为具有逻辑适应性的控制系统。

②积分分离算法

积分分离算法是另一种选择性控制算法。其算式为

$$u_{(n)} = K_c e_{(n)} + K_1 K_i \sum_{i=0}^{n} e_{(i)} + K_d [e_{(n)} - e_{(n-1)}] \tag{4-10}$$

$$K_l = \begin{cases} 1 & \text{当} |e_{(i)}| \leq A \\ 0 & \text{当} |e_{(i)}| > A \end{cases}$$

式中：K_l 为逻辑系数；A 预定偏差极限值。

这种算法是利用计算机的判断能力，来减小在偏差较大时，可能出现的较大的超调现象，使调节性能得到改善。

若按式$(4-2)$调节，在偏差 $e_{(n)}$ 较大时，右边第二项（近似积分项）的值很大，导致调节

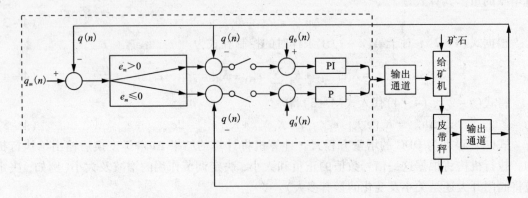

图 4 - 14   选择性控制示意图

$q_0(n)$—处理量正常给定值;$q_m(n)$—允许的最大处理量;$q_0'(n)$—处理量事故给定值;

$q(n)$—处理量测量值;e_m—处理量上限与实际处理量之间的偏差,即 $e_m = q_m(n) - q(n)$

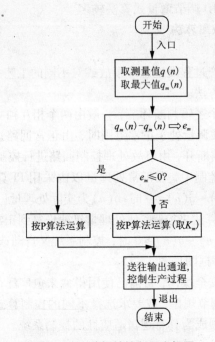

图 4 - 15   选择性控制程序框图

过程超调量过大,使调节过程动态品质变坏。而采用式(4 - 10)的积分分离算法调节,则在偏差 $e_{(n)} > A$ 时,$K_l = 0$,此时积分项不起作用,变成了 PD 算法,能较迅速地克服偏差。通过 PD 调节,当 $e_{(n)} \leq A$ 时,$K_l = 1$,积分项又重新起作用,又变成 PID 调节,这种算法既能比较迅速地克服偏差,超调量又小,又无余差,因此调节过程的静、动态品质都得到改善(见图 4 - 16)。这是模拟仪表 PID 调节无法实现的。

2. 比值调节

DDC 比值调节算法和模拟仪表的比值调节规律一样,不同的是考虑到实际控制中,比值调节的输出往往是作为副回路的给定值,它将在计算机内部直接参加运算,所以还要将比值

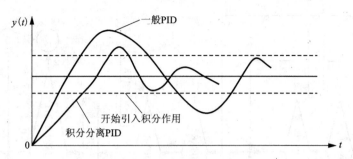

图 4-16 积分分离 PID 调节过程

调节的输出进行量化。

$$SP = \frac{KX}{K_m q} \qquad (4-11)$$

为了量化计算方便，设

$$q = \frac{q_{主m}}{2^N - 1}$$

式中：SP 为量化后的比值调节输出；X 为主物料量；K 为比值；K_m 为主物料传感器输入和输出的比值；q 为主物料量化单位（基本数量）；$q_{主m}$ 为主物料传感器的最大输出极限值。

例如某开路磨矿的磨机比例加水调节系统（见图 4-17），给矿量极限值是 100 t/h，皮带秤信号范围为 0~5 V，要求的液固比 $K = 15/85$，此刻的实际处理量 $q(t)$ 为 80 t/h，要求按给矿比例控制补水水量。在这个问题中，经量化后的水阀给定值为 $W_0(n)$

$$W_0(n) = \frac{Kq(t)}{K_m q} = \frac{15}{85} \times \frac{5}{100} \times \frac{10^2}{1.96} \times 80 \approx 36_{(D)} = 100100_{(B)}$$

即此时磨机补加水量的给定值是二进制数 100100。

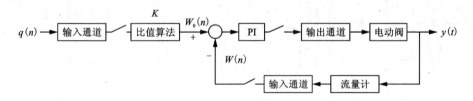

图 4-17 磨机比例给水控制框图

3. 串级调节

与模拟仪表调节一样，DDC 串级调节系统也适用于主参数与若干副参数有关联的情况，串级调节由若干级组成。串级调节的特点是副回路的给定值是主回路调节算法的输出。因此作为串级调节算法的结果，一定是绝对值型的。

DDC 系统串级调节过程包括读入测量值，完成 PID 计算及运算结果输出。串级调节的程序框图如图 4-18 所示。

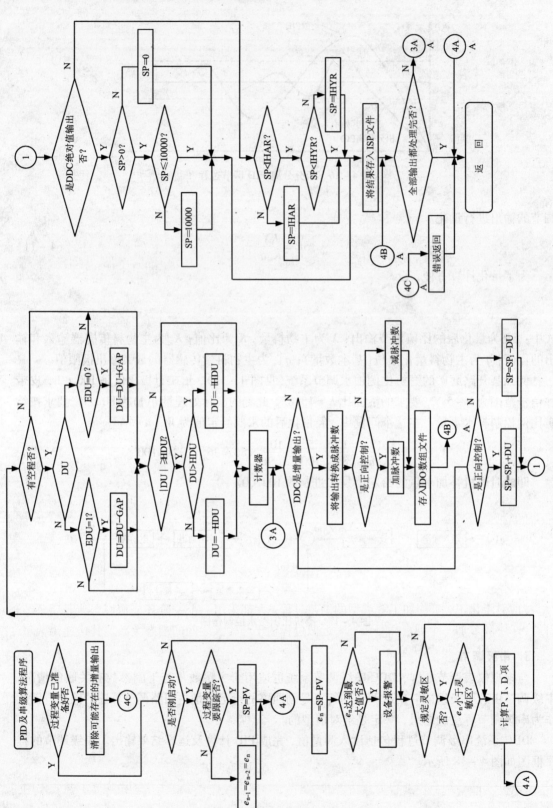

图4-18 PID及串级算法程序框图

4. 前馈调节

与模拟仪表调节一样，前馈调节是一种按照扰动并考虑干扰通道和调节通道静、动态特性的开环调节系统。前馈调节可以是静态的，也可以是动态的。

静态前馈调节算法的基础是仅考虑干扰作用与调节作用和被调量之间量的关系，而不考虑时间的因素。静态前馈算法一般是代数式的数学模型。最简单的静态前馈模型是比值调节的比值（比值调节是前馈调节的特例）。当干扰作用与调节作用及被调量之间的关系较复杂时，就要建立复杂的代数关系式作静态前馈调节的模型。对于各种不同的关系有各种前馈模型。

（1）静态前馈调节

例如有一种磨矿浓度的控制方案是用功率变送器来测量螺旋分级机电机的负荷，来间接测量返砂量，用皮带秤测量磨机的新给矿量。可以使用多元静态模型（式4-8）作为前馈模型，来描述磨机补加水量与新给矿量、返砂量信号值、所要求达到的控制浓度、原矿含水量之间的关系，并按图4-19的控制系统对磨矿浓度进行静态前馈控制。

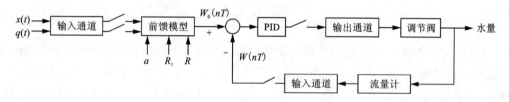

图4-19 磨矿浓度静态前馈控制框图

$$W_0(t) = [R(1-\alpha) - \alpha]q_0(t) + [R - R_1][bx(t) + a] \qquad (4-8)$$

式中：$W_0(t)$ 为磨机需要的补加水量；R 为磨机内液固比；α 为原矿含水量，%；R_1 为返砂中的液固比；$q_0(t)$ 为包含水分的新给矿量；$x(t)$ 为轴功率输出的标准信号；a、b 为系数。

（2）动态前馈调节

如果调节对象或调节通道的滞后（容量滞后及纯滞后）比较大，则静态前馈调节的质量就比较差。此时，必须采用动态补偿前馈调节。采用动态前馈调节取得成功的关键是正确地进行动态补偿。

目前对于化工、矿物加工等类型的工艺过程，大都采用一个一阶环节加一个纯滞后环节或两个一阶环节加一个纯滞后环节，来近似过程输出与输入之间的动态关系。其传递函数可近似为

$$G(s) = \frac{Ke^{-\tau_0 s}}{T_0 s + 1}$$

及

$$G(s) = \frac{Ke^{-\tau_0 s}}{(T_1 s + 1)(T_2 s + 1)}$$

式中：K 为静态放大系数；τ_0 为滞后时间；T_0，T_1 和 T_2 为时间常数。

动态补偿前馈调节以通道原理为基础，即干扰作用经干扰通道作用于被调量；调节作用经调节通道作用于被调量。但干扰、调节两通道的静、动态特性往往不一样，主要为了使调节作用有效地抵消干扰作用的影响，必须制定出将两通道的静、动态特性都考虑进行的动态

前馈调节模型(见图 4 - 20)。

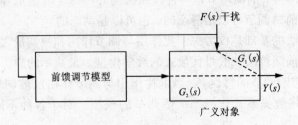

$$\text{图 4 - 20} \quad \text{前馈调节示意图}$$

假设,干扰通道的传递函数为 $G_1(s)$,并且

$$G_1(s) = \frac{Y_1(s)}{F(s)} = \frac{K_1}{T_{01}s + 1} e^{-\tau_{01}s} \tag{4-9}$$

假设,调节通道的传递函数为 $G_2(s)$,并且

$$G_2(s) = \frac{Y_2(s)}{U(s)} = \frac{K_2}{T_{02}s + 1} e^{-\tau_{02}s} \tag{4-10}$$

式中:$Y_1(s)$ 为由干扰作用引起的被调量变化的拉氏变换式;$Y_2(s)$ 为由调节作用引起的被调量变化的拉氏变换式;$F(s)$ 为干扰作用的拉氏变换式;$U(s)$ 为调节作用的拉氏变换式;T_{01} 为干扰通道的时间常数;T_{02} 为调节通道的时间常数;K_1 为干扰通道的静态放大系数;K_2 为调节通道的静态放大系数;τ_{01} 为干扰通道的纯滞后时间;τ_{02} 为调节通道的纯滞后时间。

为了使调节作用能充分抵消干扰作用,必须使调节作用对被调量的影响等于干扰作用对被调量的影响,即

$$Y_1(s) = -Y_2(s) \tag{4-11}$$

将式(4-9)、(4-10)代入式(4-11)得

$$F(s)G_1(s) + G_2(s)U(s) = 0$$

$$\frac{U(s)}{F(s)} = \frac{G_1(s)}{G_2(s)}$$

设

$$W(s) = \frac{U(s)}{F(s)} = \frac{G_1(s)}{G_2(s)} \tag{4-12}$$

式中,$W(s)$ 为调节通道对干扰通道间的传递函数。

将式(4-9)、(4-10)代入式(4-12)则

$$W(s) = -\frac{T_{02}sK_1 e^{-\tau_{01}s}}{T_{01}sK_2 e^{-\tau_{02}s}} \tag{4-13}$$

式(4-13)为前馈调节的动态模型。该式是个连续函数,而控制计算机处理的是离散信号,因此必须通过 Z 变换将式(4-13)变成差分方程,才能为计算机所接受。设

$$\tau_{01} = m_1 T$$

$$\tau_{02} = m_2 T$$

式中:m_1、m_2 为相应通道的采样周期数。

查 Z 变换表可知式(4-13)的 Z 变换式为

$$W(z) = \frac{U(z)}{F(z)} = -\frac{z^{m_1} K_1 z}{z^{(m_2 - m_1)}(z - e^{-\tau/\tau_{01}})} \times \frac{T_{02}(z - e^{-\tau/\tau_{02}})}{K_2 z} = -z^{(m_2 - m_1)}\frac{K_1 T_{02}(z - e^{-\tau/\tau_{02}})}{K_2 T_{01}(z - e^{-\tau/\tau_{01}})}$$

$$(4-14)$$

设
$$m = m_1 - m_2$$
$$K = \frac{K_1 T_{02}}{K_2 T_{01}}$$

则式(4-14)变成为

$$\frac{U(z)}{F(z)} = z^{-m} K \frac{(1 - e^{-\tau/\tau_{02} z^{-1}})}{(1 - e^{-\tau/\tau_{01} z^{-1}})} \qquad (4-15)$$

将式(4-15)通过 Z 反变换,则

$$U(n) - e^{-\tau/\tau_{01}} U(n-1) = -KF(n-m) + Ke^{-\tau/\tau_{02}} F(n-m-1) \qquad (4-16)$$

设
$$A = e^{-\tau/\tau_{01}}; \quad B = K; \quad C = Ke^{-\tau/\tau_{02}}$$

则式(4-16)为

$$U(n) = AU(n-1) - BF(n-m) + CF(n-m-1)$$

$$(4-17)$$ 式(4-17)就是动态补偿前馈控制的差分方程。

因 DDC 系统一般采用增量式输出,故需将式(4-17)写成相邻两次控制的差值

$$\Delta U(n) = A[U(n-1) - U(n-2)] = BF(n-m) + (B+C)F(n-m-1) - CF(n-m-2)$$

$$(4-18)$$

式(4-18)就是动态补偿前馈控制的增量输出差分方程。

(3)前馈加反馈控制

前馈加反馈控制系统适于要求控制精度高的对象,如图4-21所示。其中前馈模型类似式(4-18)。这是一个浮选槽液位前馈加反馈控制系统。

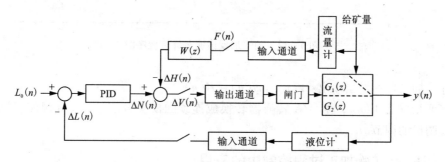

图4-21 浮选槽液位前馈加反馈控制框图

y—浮选槽液位实际值;L—浮选槽液位测量值;L_0—浮选槽液位给定值;

F—矿浆输入量;H—浮选槽闸门前馈控制作用量;N—浮选槽闸门控制作用量;

V—浮选槽闸门总控制作用量;$W(z)$—调节通道 Z 变换传递函数。

该前馈加反馈控制系统的控制计算程序见图4-22。其计算步骤如下:

①计算反馈调节系统的偏差 $e(n)$:$e(n) = L_0(n) - L(n)$

②计算 PID 调节模型的输入增量 $\Delta N(n)$。

③计算前馈控制模型的输出增量 $\Delta H(n)$。

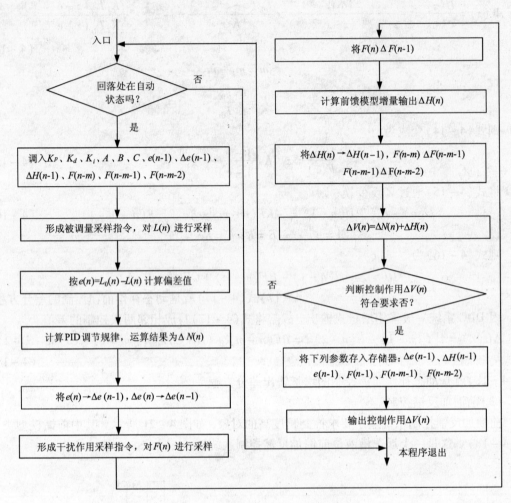

图 4 − 22　前馈加反馈调节计算程序图

④计算加法器的增量输出：$V(n) = N(n) + H(n)$

⑤将增量输出 $V(n)$，经 D/A 转换器转换成连续的模拟量信号，去直接控制执行机构，完成对被调量的调节。

4.2.4　DDC 在矿物加工过程控制中的应用

计算机的控制作用是依靠软件来实现的。在控制过程中，调度系统调度各应用程序。各程序频繁地与数组文件（以后简称文件）打交道，从中获取控制过程所必需的信息，并把生产过程的有关参数及控制过程的各种状态存入有关文件中。使计算机能有条不紊地协调控制过程各动作，实现对生产过程的自动控制。不同的计算机，不同的控制系统，有不同的软件结构。下面列举一个 DDC 系统的例子，说明上述控制过程。

1. 概况

某选厂处理的矿石以黄铜矿为主，综合回收磁铁矿和黄铁矿。采用先浮选、后磁选的流程。浮选采用先部分浮选铜，再混合浮选铜－硫，然后进行铜－硫分离的流程。用计算机对磨矿、浮选作业进行直接数字控制。

该厂的 DDC 系统，主要是对工艺参数进行定值控制和前馈控制，采用 PID 算法、串级控制算法、比值调节算法。DDC 系统采用三台 PDP - 11/03 计算机，每台内存为 32 KB。

其中两台作为测量、控制、计算、报警用，即测量控制站 MC_1 站和 MC_2 站。另一台作为显示站，称 DS 站，显示各控制回路的状态、给定值、测量值、进行人 - 机对话，修改控制回路参数等系统结构框图如图 4 - 23 所示。MC_1 站负责磨矿系统和浮选给药量的测量控制，共有 62 个基本控制回路。MC_2 站负责浮选槽液位、充气量的测量和控制，共有 89 个基本控制回路。总共有 151 个基本控制回路。

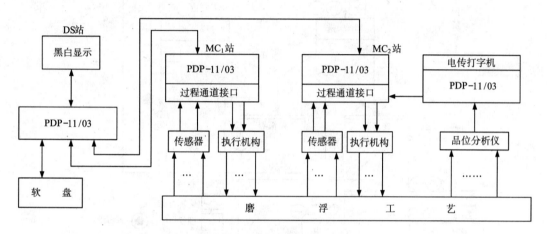

图 4 - 23 DDC 系统结构框图

磨矿作业的控制目的，是在恒定处理量的前提下使磨矿最终产品的粒度和浓度保持均匀稳定，其主要被调量是处理量、磨矿浓度和细度。控制变量主要是给矿量、加水量、砾磨机砾石添加量等，磨矿循环主要控制点如图 4 - 24 所示。

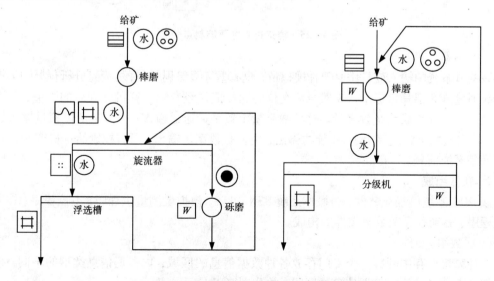

图 4 - 24 磨矿循环主要控制点分布图

浮选作业的控制目标,是在保证精矿品位合格的前提下获得尽可能高的回收率。其主要被调量是有关作业的精矿品位和尾矿品位。主要调节变量是浮选槽液位,浮选机充气量,黄药、松油用量,石灰乳添加量等,浮选过程主要控制点如图4-25所示。

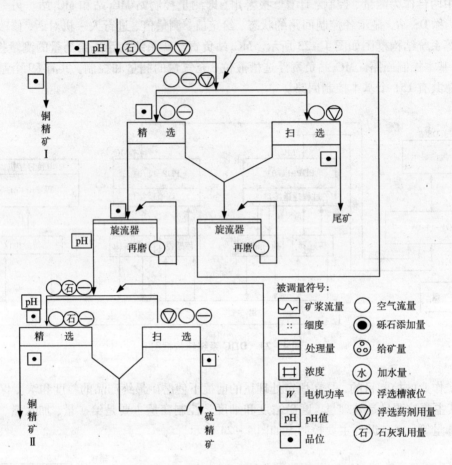

图4-25 浮选过程主要控制点分布

该调节系统的输入变量中,既有模拟量,也有数字量。除X射线荧光分析仪外,生产过程参数测量值大都是模拟量。X射线荧光仪的测量值是经专用计算机处理后的数值,所以是数字量。一些开关量也是数字量。这些数字量由数字量通道输入;模拟量由模拟量输入通道输入,转换成数字量。该DDC系统的输出,主要是数字量输出,只有控制给矿机变频调速器的信号是模拟信号。

2. 软件组成

该DDC系统的控制软件,由操作系统RSX-11S、模拟量测量主程序、主控程序、控制功能子程序、驱动程序及数组文件等构成。

(1)(数组)文件

在计算机内存中开辟一个专门存放各种数据信息的区域,再根据信息类型的不同,把该区域划分存放各种不同数据信息的区间,并分别冠以专用名字。

DDC系统的(数组)文件,有从地址120000开始的8K内存,分为大小不等、格式各异的

19 个数组文件。其中主控制程序及控制功能子程序需要访问的有下列数组文件,分别叫做 ISC、ITI、ICP、IAP、IMT、ISP、IDO、IBU 和 TRT 数组文件。在 ISC 数组文件(以下简称 ISC,其余类推)中,存放控制过程的通用参数,例如采样周期、控制周期、系统控制是否在线等信息。在 ITI 中存放测量和控制变量状态信息,例如某变量是否在线,偏差值是否超过极限值等。在 ICP 中存放各控制回路所采用的算法及其控制参数、控制回路的输入变量号、控制输出的序号等。在 IAP 中存放模拟量输入信号的处理参数,例如该模拟量是否要线性化(非线性的近似线性处理),如何线性化等。在 IDO 中存放已经转换成脉冲数的控制回路输出量(即控制回路输出的脉冲数)。在 IBU 中存放报警信息,在 TRT 中暂存计算变量。

操作系统 RSX – 11S 统一管理计算机中各种形式的作业,负责对计算机进行输入/输出管理、CPU 管理、存储管理和文件管理等。

(2)主控程序

在操作系统 RSX – 11S 操纵管理下,有条不紊地对 151 个控制回路的采样、运算、输出、执行控制和进行调度,以完成对工艺过程的自动调节。该系统对控制回路的调度是根据时间间隔调度和顺序调度两个原则来进行的。在所有的控制回路中,控制周期可分为下列十种之一,3 s、6 s、30 s、1 min、……、10 min(都是 3 s 的倍数)。把相同控制周期的控制回路归为一类。先控制周期短的回路,后控制周期长的回路。而对周期相等的控制回路,则又根据工艺特点编成顺序号,按号顺序控制。

(3)控制功能子程序

受主控程序调度,具体完成调节规律运算,运算结果输出和运算偏差报警等,共有 7 个子程序。其中 5 个是算法子程序,即 PID 及串级控制算法子程序,比例算法子程序,专用算法子程序,前馈算法子程序,超前 – 滞后算法子程序,它们直接受主控程序调度。而偏差报警子程序受 PID 算法子程序控制。串级输出子程序受除 PID 算法子程序以外的算法子程序调用(见图 4 – 26)。比例、专用、前馈、超前 – 滞后四种算法子程序的计算值输出都不是调节作用量,一般是另一个控制回路的给定值。这些子程序的计算结果需由串级输出子程序处理后送入 ISP 中,供相应回路调用。报警子程序用于检查在 PID 算法子程序执行过程中,偏差值等参数是否超过规定范围,若超出规定范围,需要给出报警信息时,该子程序就调用另一条子程序,把报警信息存入 IBU 数组文件中以备用。

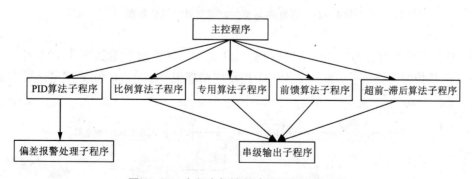

图 4 – 26 主程序与控制功能子程序联系图

(4)模拟量测量和计算变量主程序(以下简称测量主程序)

该程序受操作系统控制并定时启动。测量主程序被启动后,根据测量点的类型(测量值和计算变量等)、检测时间间隔及检测顺序来安排逐个测量。把生产过程的测量信号采入计算机,存入 IMT 中,把计算变量(即那些需经过计算处理后方能使用的变量值)存入 TRT 中。

(5)驱动程序

寻找各个时刻应该进行控制的通道号,即寻找输出地址,找到输出地址后就从 IDO 数组文件中取出控制输出脉冲数,启动该地址所对应控制回路的执行机构继电器,操纵执行机构动作,完成调节任务。

3. DDC 系统操作过程

综上所述,该 DDC 系统的控制过程是:常驻内存的 RSX–11S 操作系统定时地启动测量主程序、主控程序等,这些程序根据需要调用各种功能子程序。在控制过程中各程序频繁地和有关数组文件交换信息(见图 4–27),以完成对生产过程的采样、控制规律运算和控制操作。

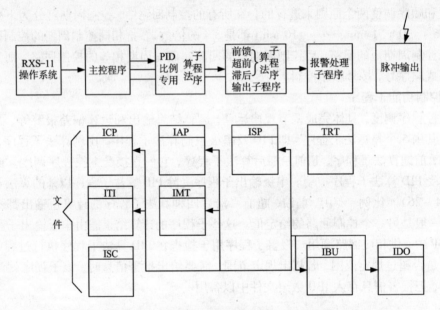

图 4–27 各程序与有关数组文件交换信息图

现以该厂球磨机磨矿浓度比值串级控制系统为例,其控制框图如图 4–28 所示,图中 2220—2222 是控制回路编号,该厂的 151 个控制回路都统一编号。q 和 W 都是计算变量

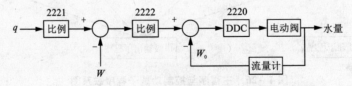

图 4–28 球磨机磨矿浓度控制框图

$$q(t) = q_0(t)(1 - \alpha) + AZ(t)B$$

$$W(t) = \alpha q_0(t) + \left[CZ(t) - D \right] \frac{\beta}{100 - \beta} + W_0(t)$$

式中：$q(t)$为磨机总给矿干矿量，t/ h；$W(t)$为磨机所需的总水量，t/h；$q_0(t)$为新给矿量（皮带秤测量值），t/h；α 为原矿水分，%；β 为返砂水分，%；$Z(t)$为返砂量信号；$W_0(t)$为加水量，t/h；A、B、C、D 为系数。

操作系统 RSX – 11S 周期性地启动测量主程序。通过巡回检测，把生产过程的模拟测量值 q_0、W_0 采入计算机，存入 IMT 数组文件中。然后测量主程序调用变量计算子程序进行计算，将计算结果 q、W 存入 TRT 文件中。操作系统每隔 3 s 启动主控程序一次（主控程序框图见图 4 – 29），对控制周期（从短周期到长周期）进行扫描。当扫描到 3 s，并按控制顺序轮到 2220 回路控制时，主控程序访问 ITI 文件。查询该控制回路的测量是否处于在线状态或报警状态，如果该回路不处于在线状态或处于报警状态，则都暂不进行控制。如果是在线，但不处于报警状态，则主控程序访问 ICP 文件，得知 2220 回路是 DDC 回路，主控程序就调用 PID 算法子程序。

由主控程序启动 PID 算法子程序后，程序运行如下（见图 4 – 18）：

（1）判断过程变量是否准备好（即测量是否收集好了）。如果未准备好，则不能进行 DDC 控制，不能进行 PID 运算。此时如果已有增量输出，就要加以清除。

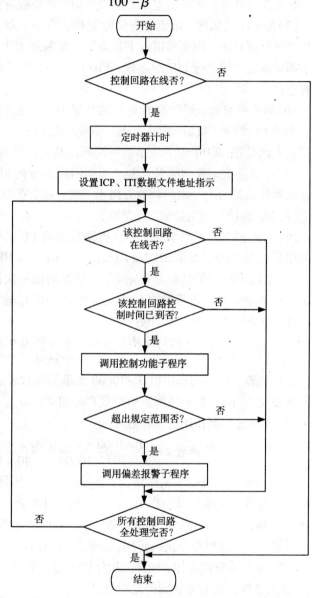

图 4 – 29　主控程序框图

（2）如果测量已准备好了，就要判断一下该作业是否是刚刚启动，就要安置初始值，首先要了解一下它是否要求跟踪。如果要求跟踪，则该给定值（SP）跟踪测量值（PV）的变化，即 SP = PV。如果不要求跟踪，则置

$$e_{n-2} = e_{n-1} = e_n$$

将最近算出的 e_n 作为前两个周期的偏差值 e_{n-1}、e_{n-2}。

（3）如果过程不是刚刚启动（即是在正常生产过程中），就要计算偏差值 $e_n = SP - PV$。

（4）计算出偏差值后，要检查该偏差值是否是最大偏差值。如果是超过和等于最大偏差值，就要进行报警。如果偏差未达到最大值，就要检查执行机构是否有不灵敏区。

（5）如有不灵敏区，则要检查偏差值是否在不灵敏区内，如果给定值与测定值之间的偏差值比灵敏区还小，则不必进行 PID 运算，即偏差太小，不必予以调节。如果偏差 e 大于或等于不灵敏区，则进行 PID 的运算。PID 运算后，要了解一下控制环路中的有关仪表设备是否有空程。

（6）如果有空程，则要判断算出的结果 DU（控制作用量——PID 的输出）是正值还是负值。判断 DU 的正、负后，要了解前一周期的控制方向是正，还是负（EDC = 0，表示前一周期的控制方向是正；EDC = 1，表示前一周期控制方向是负）。

（7）如果这次运算的结果与上一周期的控制方向相同，则空程不会影响到调节作用，如果这次运算结果与上一次的调节方向不一致，就要在原运算结果的基础上加（或减）一个空程 GAP（视 DU 的符号确定是加、还是减）。

（8）考虑过空程的影响后，要检查调节作用 DU 的绝对值是否大于或等于所规定调节作用的增量高限 HDU，如果 |DU| ≥ HDU，则取 DU = ± HDU。

（9）至此 PID 运算结果处理完毕，计数器增加一次计数。并要了解控制环的 PID 算法的输出，是增量输出，还是绝对值输出。如果是增量输出，则要将运算结果（无量纲的二进制），按式（4 - 19）转换为脉冲数。

$$脉冲数 = \frac{执行机构全量和时间 \times 控制作用占全量和的万分之几}{一个脉冲周期的时间} \qquad (4-19)$$

计算机算出的控制作用以 0 ~ 10000 无量纲的数表示，该计算机的脉冲间隔是 20 ms。脉冲宽度也是 20 ms。如果该回路的全量程时间 $T = 20$ s，假设算出的控制作用 $A = 352$，则按式（4 - 19）算出该控制作用的脉冲数

$$脉冲数 = \frac{T \times 1000 \times A}{(20 + 20) \times 10000} = \frac{20 \times 1000 \times 352}{40 \times 10000} = 17.6 \approx 17$$

（10）判断该回路是正向作用，还是反向作用。如果是正向作用，就是计算出的脉冲数保持原来的符号。如果是反向作用，则把计算出脉冲数反号。

（11）将计算出的控制作用脉冲数，存于专门的数组文件 IDO 中，供调节时取用。如果还是增量输出，也要判断是正向作用，还是反向作用。

（12）如果是正向作用，则将此次计算出的结果（控制作用量）DU 加上原来的给定值状态 SP_1，作为这次控制所要达到的绝对值。

（13）如果是反向作用，则将原来给定值的状态 SP_1 减去 DU，作为这次控制要达到的绝对值。

（14）判断该计算结果是作为串级控制的输出，还是作为绝对值的输出。

（15）如果是作为串级输出，则要检查该输出作用是否是在副环的过程变量的允许范围之内。

（16）如果超出了允许范围，则其边界值作副环的给定值。

（17）如果是作为绝对值输出，要判断该绝对值是否是在 0 ~ 10000 之间，如超出此限，则取其边界值作为绝对值输出。

（18）将（15）、（16）和（17）的结果存入 ISP 数组文件中，以供调节时取用。

(19)有时一个控制输出信号,同时是几个环节(执行机构或副回路)的输入。因此完成一次控制运算(输出)后,要判断是否所有输出都已处理过了,若都已处理了,则该子程序退出。

主控程序接着处理3 s控制周期的其他回路。当3 s周期控制回路全部处理完后,转向处理6 s周期的控制回路,按照从大序号到小序号的顺序进行控制。在该浓度控制回路中,2220回路的控制周期是3 s,而2222和2221回路都是6s,然后先对2222回路进行控制运算,其步骤同上。不同的是2222回路是串级控制的主回路,其PID算法的结果不是控制作用量,而是2220回路的给定值,所以计算结果送往ISP文件中去,为下一周期2220回路进行控制运算时取用。然后紧接着对2221比值控制回路进行控制运算,它与2222回路的不同点仅在于控制算法的不同,其算法原则框图见图4–30。该比值算法的结果由比值算法子程序调用输出子程序,送往ISP文件,为下一个周期的2222回路控制时取用。然后主控程序又去执行对其他回路的控制运算。直到所有回路全部控制运算处理完毕,主控程序退出,等待下一周期操作系统的启动。

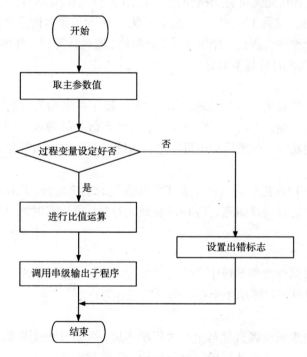

图4–30 比值算法程序框图

驱动程序对输出地址进行扫描。当扫描轮到2220回路的控制输出时,驱动程序从IDO文件中取出2220回路的控制作用脉冲数。通过输出通道去接通2220回路电动调节阀的相应(正或反向)开关,使电动阀按指令所指定的方向旋转。其旋转时间,等于输出脉冲数乘以脉冲周期,这样就完成了一次水量调节。在下一个3 s控制周期到来前,该阀门保持现有开启度不变。2220回路的控制完成后驱动程序继续对控制回路进行扫描,一直到所有控制回路的控制输出都完成后,驱动程序退出。至此一个控制周期完成,等待下一个测量、控制运算、控制驱动周期的到来。

4.3 矿物加工过程集散计算机控制系统(DCS)

4.3.1 集散计算机控制系统(DCS)概述

集散控制系统是20世纪70年代中期发展起来的以微处理器为基础实行集中管理、分散控制的计算机控制系统。由于该系统在发展初期以实行分散控制为主,因此又称为分散型控制系统或分布式控制系统(Distributed Control System),简称集散控制系统或DCS。

集散控制系统是控制技术、计算机技术、通信技术、图形显示技术和网络技术相结合的产物,是一种操作显示集中,控制功能分散,采用分级、分层体系结构,局部网络通信的计算机综合控制系统,其目的在于控制或控制管理一个生产过程或工厂。集散控制系统大致包含分散控制装置、集中操作管理装置和通信系统三大部分。其中,分散控制装置是DCS与生产过程联系的接口,按其功能又可分为现场控制站和数据采集站等。集中操作管理装置是人与DCS联系的接口,按其功能又可分为操作员工作站(简称操作员站)、工程师工作站(简称工程师站)和监控计算机(又称上位机)等。通信系统是DCS的数据传送中枢,它将DCS的各部分连接起来构成一个整体。因此,操作站、工程师站、监控计算机、现场控制站、数据采集站和通信系统是构成DCS的最基本部分。

(1)操作站

操作站是操作人员对生产过程进行显示、监视、操作控制和管理的主要设备。操作站提供了良好的人机交互界面,用以实现集中监视、操作和信息管理等功能。有的小型DCS,操作站兼有工程师站的功能,在操作站也可以进行系统组态和维护的部分或全部工作。

(2)工程师站

工程师站用于对DCS进行离线的组态工作和在线的系统监督、控制与维护。工程师能够借助组态软件对系统进行离线组态,当DCS在线运行时,可以实时地监视通信网络上各工作站的运行情况。

(3)监控计算机

监控计算机通过网络收集系统中各单元的数据信息,根据数学模型和优化控制指标进行后台计算、优化控制等。它还用于全系统信息的综合管理。

(4)现场控制站

现场控制站通过现场仪表直接与生产过程相连接,采集过程变量信息,并进行转换和运算等处理,产生控制信号以驱动现场的执行机构,实现对生产过程的控制。现场控制站可控制多个回路,具有极强的运算和控制功能,能够自主地完成回路控制任务,实现反馈控制、逻辑控制、顺序控制和批量控制等功能。

(5)数据采集站

数据采集站通过现场仪表直接与生产过程连接,对过程变量进行数据采集和预处理,并对实时数据进一步加工,为操作站提供数据,实现对过程的监视和信息存储,为控制回路的运算提供辅助数据和信息。

(6)通信系统

通信系统连接DCS各操作站、工程师站、监控计算机、现场控制站、数据采集站等,传输各工作站之间的数据、指令及其他信息，使整个系统协调一致地工作，从而实现数据和信息资源的共享。

综上所述，操作站、工程师站、监控计算机构成了DCS的人机接口，用以完成集中监视、组态和信息综合管理等任务；现场控制站和数据采集站构成DCS的过程接口，用以完成数据采集和处理以及分散控制任务；通信系统是连接DCS各部分的纽带，是实现集中管理、分散控制目标的关键。

4.3.2 集散计算机控制系统(DCS)的硬件构成

1. 集散控制系统的体系结构

集散控制系统是纵向分层、横向分散的大型综合控制系统，采用集中管理、分散控制的设计思想，以多层局部网络为依托，将分布在整个企业内的各种控制设备和数据处理设备连接在一起，实现各部分的信息共享和协调工作，共同完成各种控制、管理及决策任务。

DCS的典型体系结构如图4-31所示。按照DCS各组成部分的功能分布，所有设备分别处于四个不同的层次，由下而上分别是现场控制级、过程控制级、过程管理级和经营管理级。与这四层结构相对应的四层局部网络分别是现场网络(Field Network，Fnet)、控制网络(Control Network，Cnet)、监控网络(Supervision Network，Snet)和管理网络(Management Network，Mnet)。

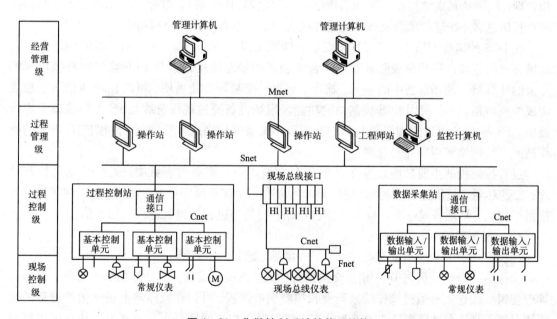

图4-31 集散控制系统的体系结构

1)现场控制级

现场控制级设备与生产过程相连接，是DCS的基础。典型的现场控制级设备是各类传感器、变送器和执行器。它们将生产过程中的各种工艺变量，转换成适合于计算机接收处理的电信号(如常规变送器输出的4~20 mADC电流信号或现场总线变送器输出的数字信号)，送往过程控制站或数据采集站。过程控制站又将输出的控制信号(如4~20 mADC信号或现场总线数字信号)送到现场控制级设备,以驱动控制阀或变频调速装置等,实现对生产过程的控制。

现场控制级设备的任务主要是:完成过程数据采集与处理,直接输出操作命令,实现分散控制;完成与上级设备的数据通信,实现网络数据库共享;完成对现场控制级智能设备的监测、诊断和组态等。

现场网络与各类现场传感器、变送器和执行器相连,以实现对生产过程的监测与控制;同时与过程控制级的计算机相连,接收上层的管理信息,传递装置的实时数据。现场网络的信息传递有三种方式,第一种是传统的模拟信号(如 4~20 mADC 信号或类似的模拟量信号)传输方式;第二种是全数字信号(现场总线信号)传输方式;第三种是混合信号(如在 4~20 mADC 模拟量信号上叠加调制后的数字量信号)传输方式。现场信息以现场总线为基础的全数字传输是今后的发展方向。

2)过程控制级

过程控制级主要由过程控制站、数据采集站和现场总线接口等组成。

过程控制站接收现场控制级设备送来的信号,按照预定的控制规律进行运算,并将运算结果作为控制信号,送回到现场的执行器中去。过程控制站可以同时实现反馈控制、逻辑控制和顺序控制等。

数据采集站与过程控制站类似,也接收由现场设备送来的信号,并对其进行必要的转换和处理,然后送到集散控制系统的工作站(如过程管理级设备)。数据采集站接收大量的非控制过程信息,并通过管理级设备传递给相关人员,它不直接具有控制功能。

在 DCS 的监控网络上,可以挂接现场总线服务器(Fieldbus Sever, FS),实现 DCS 网络与现场总线的集成。现场总线服务器是一台安装了现场总线接口卡与 DCS 监控网络接口卡的完整的计算机。现场设备中的输入、输出、运算、控制等功能模块,可以在现场总线上独立构成控制回路,不必借用 DCS 控制站的功能。现场设备通过现场总线与 FS 上的接口卡进行通信。FS 与 DCS 可以实现资源共享,FS 可以不配备操作站或工程师站,直接借用 DCS 的操作站或工程师站实现监控和管理。

过程控制级的主要功能表现在以下几个方面。一是采集过程数据,进行数据转换与处理;二是对生产过程进行监测和控制,输出控制信号,实现反馈控制、逻辑控制、顺序控制和批量控制;三是现场设备级 I/O 卡件的自诊断;四是与过程管理级进行数据通信。

3)过程管理级

过程管理级的主要组成有操作站、工程师站、监控计算机等。

操作站是操作人员与 DCS 相互交换信息的人、机接口设备,是 DCS 的核心显示、操作和管理装置。操作人员通过操作站来监视和控制生产过程,可以在操作站上观察生产过程的运行情况,了解每个过程变量的数值和状态,判断每个控制回路是否工作正常,并且可以根据需要随时进行手动、自动、串级、后备串级等控制方式的无扰动切换,修改设定值,调整控制信号,操控现场设备,以实现对生产过程的控制。另外,它还可以打印各种报表,复制屏幕上的画面和各种数据曲线。

为了实现以上功能,操作站需由一台具有较强图形处理功能的计算机,以及相应的外部设备组成,一般配有 CRT 或 LCD 显示器、大屏幕显示装置、打印机、键盘、鼠标等。开放型DCS 通常采用个人计算机作为人机接口。

工程师站是为了便于控制工程师对 DCS 进行配置、组态、调试、维护而设置的工作站。工程师站的另一个作用是对各种设计文件进行归类和管理，形成各种设计、组态文件，如各种图样、表格等。工程师站通常由 PC 机再配置一定数量的外部设备组成，如打印机、绘图仪等。

监控计算机的主要任务是实现对生产过程的监督控制，如机组运行优化和性能计算，先进控制策略的实现等。根据产品、原材料库存及能源的使用情况，以优化准则来协调装置间的相互关系，实现全企业的优化管理。另外，监控计算机通过获取过程控制的实时数据，进行生产过程的监视、故障检测和数据存档。由于监控计算机的主要功能是完成复杂的数据处理和运算。因此，对它主要有运算能力和运算速度的要求。一般说来，监控计算机由超级微型机或小型机构成。

4）经营管理级

经营管理级是全厂自动化系统的最高一层。只有大规模的集散控制系统才具备这一级。经营管理级的设备可能是厂级管理计算机，也可能是若干个生产装置的管理计算机。它们所面向的使用者是厂长、经理、总工程师等行政管理或运行管理人员。

厂级管理系统的主要功能是监视企业各部门的运行情况，利用历史数据预测可能发生的各种情况，从企业全局利益出发，帮助管理人员进行决策，帮助企业实现计划目标。它从系统观念出发，从原料进厂到产品的销售，从市场和用户分析、订货、库存到交货，进行一系列的优化协调，从而降低成本，增加产量，保证质量，提高经济效益。此外，还应考虑商业事务、人事组织及其他方面，并与办公自动化系统相连，实现整个厂矿的优化管理。

经营管理级也可分为实时监控和日常管理两部分。实时监控是全厂各机组和公用辅助工艺系统的运行管理层，承担全厂性能监视、运行优化、全厂负荷分配和日常运行管理等任务。日常管理承担全厂的管理决策、计划管理、行政管理等任务，主要为厂长和各管理部门服务。

对管理计算机的要求是：具有能够对控制系统做出高速反应的实时操作系统，能够对大量数据进行高速处理与存储，具有能够连续运行可冗余的高可靠性系统，能够长期保存生产数据，并具有优良的、性能高的、方便的人机接口，具有丰富的数据库管理软件、过程数据收集软件、人机接口软件及生产管理系统生成工具等软件，能够实现整个工厂的网络化和计算机的集成化。

2. 集散控制系统的硬件构成

集散控制系统的硬件，主要由集中操作管理装置、分散过程控制装置和通信接口设备等组成，通过通信网络将这些硬件设备连接起来，共同实现数据采集、分散控制和集中监视、集中操作和集中管理等。由于不同的 DCS 厂家采用的计算机硬件不尽相同，DCS 硬件系统之间的差别也很大。本书仅以较典型的 DCS 组成，从功能上和类型上来介绍 DCS 的硬件构成。

1）现场控制站

现场控制站是分散过程控制装置的主要设备。从功能上讲，分散过程控制装置主要包括现场控制站、采集站、顺序逻辑控制站、批量控制站等。其中现场控制站功能最为齐全，为了便于结构的划分，下面的介绍将其统称为现场控制站。现场控制站是 DCS 与生产过程之间的接口，它是 DCS 的核心。分析现场控制站构成，有助于理解 DCS 的特性。

一般说来，现场控制站中的主要设备是现场控制单元。现场控制单元是 DCS 直接与生产过程进行信息交换的 I/O 处理系统，主要任务是进行数据采集及处理，对被控对象实施闭环控制、顺序控制和批量控制。用户可以根据不同的应用需求，选择配置不同的现场控制单元以构成现场控制站。它可以是以面向连续生产的过程控制为主，辅以顺序逻辑控制，构成一个可以实现多种复杂控制方案的现场控制站，也可以是一个对大批量过程信号进行总体信息采集的现场数据采集站。

现场控制站是一个可独立运行的计算机控制系统。由于它是专门为过程检测、控制而设计的通用型系列设备，所以其机柜、电源、输入输出通道和控制计算机等，与一般的计算机系统有所不同。

2）机柜

现场控制站的机柜内部装有多层机架，以安装各种模块及电源。为了给机柜内部的电子设备提供完善的电磁屏蔽，其外壳均采用金属材料（钢板或铝材），活动部分要有良好的电气连接。机柜要求可靠接地，接地电阻要求小于 4Ω。

为保证机柜中电子设备的散热降温，一般在机柜内均装有风扇，进行强制风冷。同时为防止灰尘进入，在机柜与外界进行空气交换时，采用正压进风，将柜外低温空气经过滤网过滤后引入柜内。在灰尘多、潮湿或有腐蚀性气体的场合，一些厂家还提供密封式机柜，冷却空气仅在机柜内循环，通过机柜外壳的散热片与外界交换热量。为了保证在特别冷或特别热的室外环境下能正常工作，还为这种密封式机柜设计了专门的空调装置，以保证柜内温度维持在正常值。另外，现场控制站机柜内大多设有温度自动检测装置，当机内温度超过正常范围时，会产生报警信号。

3）电源

为保证现场控制站正常工作，必须保持电源（交流电源和直流电源）稳定、可靠。保证电源系统可靠性的措施有：

①每一个现场控制站均采用双电源供电，互为冗余。

②如果现场控制站机柜附近有经常开、关的大功率用电设备，则应采用隔离变压器，将初级、次级线圈间的屏蔽层可靠接地，以克服共模干扰的影响。

③如果电网电压波动较大，应采用交流电子调压器，以稳定供电电压。

④在对连续性控制要求特别高的场合，应配置不间断供电电源，以保证供电的连续性。现场控制站内各功能模块所需直流电源电压一般为 ± 5 V，± 15 V 或（ ± 12 V）$+24$ V。

为了保证直流电源的稳定性，一般可以采取以下措施：

①给主机供电的电源要与给现场设备供电的电源进行隔离，以减少相互间的干扰。

②采用冗余的双电源方式给各功能模块供电。

③用统一的主电源将交流电变为 24 V 直流电供给机内的直流母线，然后通过 DC – DC 转换方式将 24 V 直流电源变换为子电源所需电压。主电源一般采用 1∶1 冗余配置，子电源一般采用 N∶1 冗余配置。

4）控制计算机

控制计算机是现场控制的核心设备，一般由 CPU、存储器、总线、I/O 通道等基本部分组成。

（1）CPU

尽管世界各地的 DCS 产品差别很大，但现场控制站大都采用 Motorola 公司的 M68000 系列和 Intel 公司的 80X86 系列的 CPU 产品。为提高性能，各生产厂家基本上都采用准 32 位或 32 位微处理器。由于数据处理能力的提高，因此可执行复杂的先进控制算法，如自动整定、预测控制、模糊控制和自适应控制等。

（2）存储器

与其他计算机一样，控制计算机的存储器也分为 RAM 和 ROM。由于控制计算机在正常工作时运行的是一固定的程序，DCS 中大都采用了程序固化的办法。有的系统甚至将用户组态的应用程序也固化在 ROM 中，使用时只要一加电，控制站就可正常运行，使用更加方便，但修改组态时要复杂一些。

在一些采用冗余 CPU 的系统中，还特别设有双端口随机存储器，其中存放有过程 I/O 数据、设定值和 PID 参数等。两块 CPU 均可分别对其进行读写，保证双 CPU 间运行数据的同步。当在线主 CPU 出现故障时，离线 CPU 可立即接替工作，对生产过程的控制运行提供了更加可靠的保证，且在切换时不会产生任何扰动。

（3）总线

常见的控制计算机总线有 Intel 公司的总线 MULTIBUS，"EOROCARD"标准的 VME 总线和 STD 总线。前两种总线都是支持多 CPU 的 16 位/32 位总线，由于 STD 总线是一种 8 位数据总线，使用受到限制，已经逐渐淡出市场。

近年来随着 PC 在过程控制领域的广泛应用，PC 总线（ISA，EISA 总线等）在中规模 DCS 的现场控制站中也得到应用。

（4）I/O 通道

过程控制计算机的 I/O 通道一般包括模拟量 I/O（AI/AO）、开关量 I/O（SI/SO）或数字量 I/O（DI/DO），以及脉冲量输入通道（PI）。

①模拟量 I/O（AI/AO）

生产过程中的连续时间被测变量（如温度、流量、液位、压力、浓度、pH 值等），只要由在线仪表将其转换为相应的电信号，均可送入模拟量输入通道 AI，经过 A/D 转换后，将其送给 CPU。而模拟量输出通道 AO，一般将计算机输出的数字信号转换为 4～20 mA DC（或 1～5 V DC）的模拟信号，用于控制各种执行机构。

②开关量 I/O（SI/SO）

开关量输入通道 SI 主要用来采集各种限位开关、继电器或电磁阀联动触点的开、关状态，并输入到计算机。开关量输出通道 SO 主要用于控制电磁阀、继电器、指示灯、声光报警器等只具有开与关两种状态的设备。

③脉冲输入通道（PI）

许多现场仪表（如涡轮流量计、罗茨式流量计及一些机电计数装置等）输出的测量信号为脉冲信号，它们必须通过脉冲量输入通道处理才能送入计算机。

3．操作站

DCS 的人机接口装置一般分为操作站和工程师站。其中工程师站是技术人员与控制系统的接口。工程师站上配有组态软件，为"工程师们"提供一个灵活的、功能齐全的工作平台，通过它来实现"工程师们"所要求的各种控制策略的建立、修改、切换等。为节省投资，许多系统的工程师站和操作站合为一体。

运行于 PC 硬件平台和 NT 操作系统下的通用操作站的出现，给 DCS 用户带来了许多方便。通用操作站适用面广，技术成熟，成本低，维护费用也少。采用通用操作站系统结构更简单，开放性能更好，更容易建立生产管理信息系统，更新和升级更容易，还可减少人员培训费用。因此，通用操作站是 DCS 的发展方向。

为了实现监视和管理等功能，操作站必须配置以下设备。

1）操作台

操作台用来安装、承载和保护各种计算机和外围设备。目前流行的操作台有桌式操作台、集成式操作台和双屏操作台等，用户可以根据需要选择使用。

2）微处理机系统

DCS 操作站的功能越来越强，这就对操作站的微处理机系统提出了更高的要求。一般的 DCS 操作站采用 32 位或 64 位微处理机。

为了很好地完成 DCS 操作站的历史数据存储功能，许多 DCS 操作站都配有一到两个大容量的外部存储设备，有些系统还配备了数据记录仪。

3）图形显示设备

当前 DCS 的图形显示设备主要是 LCD 和 CRT。有些 DCS 操作站还配备有专用的图形显示设备。

4）操作键盘和鼠标

①操作员键盘

操作员键盘一般都采用具有防水、防尘能力、有明确图案或标志的薄膜键盘。这种键盘从键位的分配和布置上都充分考虑到操作直观、方便、外表美观，并且在键盘内装有电子蜂鸣器，以提示报警信息和操作响应。

②工程师键盘

工程师键盘一般为常用的击打式键盘，主要用来进行编程和组态。

现代的 DCS 操作站已采用了通用 PC 系统，无论操作员键盘还是工程师键盘，都使用通用标准键盘和鼠标。

5）打印输出设备

有些 DCS 操作站配有两台打印机，一台用于打印生产记录报表和报警报表，另一台用来复制流程画面。随着激光等非击打式打印机性能的不断提高，价格不断下降，有的 DCS 已经采用这类打印机，以求得清晰、美观的打印质量和降低噪声。

4．冗余技术

冗余技术是提高 DCS 可靠性的重要手段。由于采用了分散控制的设计思想，当 DCS 中某个环节发生故障时，仅仅使该环节停止运行，而不会影响整个系统的功能。因此，通常只对可能影响系统整体功能的重要环节或对全局生产影响的公共环节，有重点地采用冗余技术。虽然自诊断技术可以及时检出故障，但是要使 DCS 的运行不受故障的影响，主要还是依靠冗余技术。

1）冗余方式

DCS 的冗余技术可以分为多重化自动备用和简易的手动备用两种方式。多重化自动备用就是对设备或部件进行双重化或三重化设置，当设备或部件万一发生故障时，备用设备或部件自动从备用状态切换到运行状态，以维持生产继续进行。

多重化自动备用还可以进一步分为同步运转、待机运转、后退运转三种方式。

同步运转方式就是让两台或两台以上的设备或部件同步运行，进行相同的处理，并将其输出进行核对。两台设备同步运行只有当它们的输出一致时，才作为正确的输出，这种系统称为双重化系统(Dual System)。三台设备同步运行，将三台设备的输出信号进行比较，取两个相一致的输出作为正确的输出值，这就是设备的三重化设置。这种方式具有很高的可靠性，但投资比较大。

待机运转方式就是使一台设备处于待机备用状态。当工作设备发生故障时，启动待机设备来保证系统正常运行。这种方式称为1:1的备用方式，这种类型的系统称为双工系统(Duplex System)。类似地，对于 N 台同样设备，采用一台待机设备的备用方式称为 N:1 备用。在 DCS 中一般对局部设备采用1:1 备用方式，对整个系统则采用 N:1 备用方式。待机运行方式是 DCS 中主要采用的冗余技术。

后退运转方式就是使用多台设备，在正常运行时，各自分担各自功能运行。当其中一台设备发生故障时，其他设备放弃其中一些不重要的功能，进行互相备用。这种方式显然是最经济的，但相互之间必然存在公用部分，而且软件编制也相对复杂。

简易的手动备用方式采用手动操作方式实现对自动控制方式的备用。当自动方式发生故障时，通过切换成手动工作方式，来保持系统的控制功能。

2)冗余措施

DCS 的冗余包括通信网络的冗余、操作站的冗余、现场控制站的冗余、电源的冗余、输入/输出模块的冗余等。通常将工作冗余称为热备用，而将后备冗余称为冷备用。DCS 中通信系统至关重要，几乎都采用一备一用的配置；操作站常采用工作冗余的方式；对现场控制站，冗余方式各不相同，有的采用1:1 冗余，也有的采用 N:1 冗余，但均采用无中断自动切换方式；DCS 特别重视供电系统的可靠性，除了 220 V 交流供电外，还采用了镍镉电池、铅酸电池及干电池等多级掉电保护措施；DCS 在安全控制系统中，采用了三重化，甚至四重化冗余技术。

除了硬件冗余外，DCS 还采用了信息冗余技术，就是在发送信息的末尾增加多余的信息位，以提供检错及纠错的能力，降低通信系统的误码率。

4.3.3　集散计算机控制系统的软件

一个计算机系统的软件，一般包括系统软件和应用软件两部分。由于集散控制系统采用分布式结构，在其软件体系中除包括上述两种软件外，还增加了诸如通信管理软件、组态生成软件及诊断软件等。

1. 集散控制系统的系统软件

集散控制系统的系统软件是一组支持开发、生成、测试、运行和维护程序的工具软件，它与一般的应用对象无关，主要由实时多任务操作系统、面向过程的编程语言和工具软件等部分组成。

操作系统是一组程序的集合，用来控制计算机系统中用户程序的执行顺序，为用户程序与系统硬件提供接口软件，并允许这些程序(包括系统程序和用户程序)之间交换信息。用户程序也称为应用程序，用来完成某些应用功能。在实时工业计算机系统中，应用程序用来完成功能规范中所规定的功能，而操作系统则是控制计算机自身运行的系统软件。

2. 集散控制系统的组态软件

DCS 组态是指根据实际生产过程控制的需要，利用 DCS 所提供的硬件和软件资源，预先将这些硬件和软件功能模块组织起来，以完成特定任务的设计过程，习惯上也称作组态或组态设计。从大的方面讲，DCS 的组态功能主要包括硬件组态（又叫配置）和软件组态两个方面。

DCS 软件一般采用模块化结构。系统的图形显示功能、数据库管理功能、控制运算功能、历史数据存储功能等都有成熟的软件模块。但不同的应用对象，对这些内容的要求有较大的区别。因此，一般 DCS 具有一个（或一组）功能很强的软件工具包（即组态软件）。该软件具有一个友好的用户界面，使用户在不需要什么代码程序的情况下便可生成自己需要的应用"程序"。

软件组态的内容比硬件配置丰富，它一般包括基本配置组态和应用软件的组态。基本配置的组态是给系统一个配置信息，如系统的各种站的个数，它们的索引标志，每个现场控制站的最大测控点数，最短执行周期，最大内存配置，每个操作站的内存配置信息，磁盘容量信息等。而应用软件的组态则具有更丰富的内容，如数据库的生成，历史数据库（包括趋势图）的生成，图形生成，控制算法和功能组态等。

随着 DCS 的发展，人们越来越重视系统的软件组态和配置功能，即系统中配有一套功能十分齐全的组态生成工具软件。这套组态软件通用性很强，可以适用于很多应用对象，而且系统的执行代码部分一般是固定不变的，为适应不同的应用对象只需改变数据实体（包括图形文件、报表文件和控制回路文件等）即可。这样，既提高了系统的成套速度，又保证了系统软件的成熟性和可靠性。

4.3.4 DCS 在矿物加工过程中的典型应用

DCS 具有集中操作管理、分散控制的特点，在矿物加工工厂的应用已越来越广泛。一些大型选厂，特别是新建的矿物加工工厂应用很多。如金川公司 6000 吨/日选厂就是应用得较好的工厂之一。本节介绍两个小型 DCS 在矿物加工工厂应用的例子，以飨读者。

1. 集散系统在磨矿作业中的应用

应用现场为招远黄金公司夏甸金矿选厂的磨矿系统。招远夏甸金矿始建于 1981 年，采选规模为 600 t/d，年产黄金 2 万两。

1）自动控制原理

球磨机的主要技术指标包括：台时处理量、磨矿浓度、溢流浓度和粒度，这些指标除了受原矿性质、原矿粒度影响以外，排矿水量、返砂水量、球荷、球比、磨机充填率也是影响球磨机技术指标的主要参数，设计时将整个控制过程分解为三个控制模块。

（1）给矿量的控制

根据该矿的工艺条件，在主控机内设定给矿量的给定值，检测值为给矿皮带上核子秤输出的瞬时矿量值。比较检测值与给定值，若产生的偏差超出允许限度，则主控机将控制信号输出至变频调速器，改变给矿电机的转速，从而调节给矿量，保证给矿量维持在给定值附近，保持系统的正常运行。

使用功率变送器检测磨机工作过程中的磨机充填率，功率变送器输出信号的高低与球磨机内负荷的高低呈正比相关，装载量越多，功率变送器输出信号越大，当磨机内矿石粒度、硬度和加球量等参数变化时，该信号输入主控机，同样调节变频器，改变给矿量的大小，使球磨机始终保持最佳充填率，使磨机运行在效率较高的状态。

为防止"胀肚"现象，通过实物标定将磨机"胀肚"趋势点的功率信号作为"胀肚"信号比较值，即临界点，当功率信号大于临界点时，控制过程进入"胀肚"保护，输出信号，减小给矿量或停止给矿，直到功率信号回升，当功率信号小于临界点时，磨机按原定控制过程，进入正常运行状态。

影响球磨运行效率的另一个主要因素是球荷、球比的变化，该系统引入功率传感器对磨机有功功率进行检测，通过与电耳传感器的信号进行比较，对系统的球荷、球比进行分析，实现人工无法准确判断的球荷状态报警，同时也排除了球荷变化对电耳带来的系统累积误差。

另外，通过检测分级电流，来检测分级返砂比，调整磨机工作状态。当磨机工作处于正常状态时，分级返砂比相当稳定，当磨机有胀肚趋势时，分级返砂增大，分级电流随之增加，通过电流的大小来调节磨机给矿量，使磨机恢复稳定的工作状态。

采用电耳、功率来检测磨机工作状态，不仅准确测量出磨机负荷、分析球磨状况的变化，同时也使系统的自诊断、自动校正得到了可靠的保证，也为磨矿效率的检测提供了基础数据。并在其中之一发生故障时，系统仍能正常工作，起到两者的相互保护作用。

矿量控制原理框图，如图 4 - 32 所示。

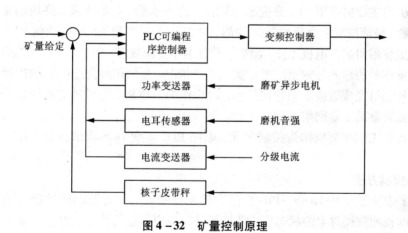

图 4 - 32　矿量控制原理

（2）磨矿浓度的控制

最佳的磨矿浓度范围，可以由磨矿与分级过程的工艺指标分析得到。根据生产实践，在给矿及分级机溢流浓度稳定的情况下，只要根据原矿粒度及矿石特性，标定出正常的返砂比，即可由给矿量的多少和返砂比，按磨矿浓度的要求计算出所需的返砂水量，由于给矿量恒定，则返砂水量也是恒定的。因此就可以采用定值给水的方法控制返砂水量，以达到控制磨矿浓度的目的。其定值控制返砂水的系统原理框图如图 4 - 33 所示。

（3）分级溢流浓度的控制

根据不同的原矿，给出不同的溢流浓度设定值，将溢流浓度计的检测值与设定值进行比较，再根据比较偏差的大小，调节补加水量的大小，使溢流浓度值始终维持在浓度设定值的偏差范围内，从而达到控制溢流浓度的目的。溢流浓度控制原理框图见图 4 - 34。

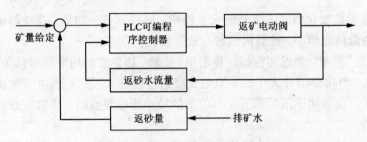

图 4 - 33 　返砂水控制系统原理框图

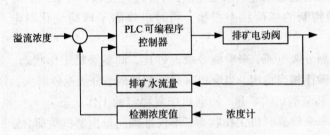

图 4 - 34 　溢流浓度控制原理框图

2）控制系统结构

测控系统的主控机选用 PLC 来完成原矿量、返砂水量、补加水量、磨机功率、分级机电流、磨机音量、溢流浓度 7 个模拟量的检测，并对 2 个变频器、2 个电动调节阀进行输出控制。同时完成皮带给矿机电机工作、给矿皮带工作、变频故障、给矿异常、水故障、球荷球比异常等开关量信号的输入与输出。考虑实际生产情况，采用国际先进的集散控制方案。上位机采用工业控制机完成数据集中管理任务，PLC 作为下位机，完成独立系统的分散控制，数据传输通过高可靠的工业网络实现。

系统设计以工业控制机作为控制单元，采用 PLC 实现 DCS 集散控制。配置如图 4 - 35 所示。

3）系统控制方法

PLC 的控制方法采用 Fuzzy—PID 自适应模糊控制算法。传统的闭环控制系统是一个负反馈系统，即检测被控对象的状态值，将其与目标期望值进行比较，再根据数学模型进行偏差控制，得到输出值。通常使用的控制规律是 PID。对于难以建立精确的数学模型、非线性和大滞后的过程，模糊控制具有 PID 无法比拟的优点，尤其像原矿量控制，采用单纯的 PID 实现控制难以适应系统粒度、硬度、球荷、衬板等多种因素的变化。为了使 PID 控制器的参数能够适应系统参数的变化，即在控制过程的参数未知或变化的情况下，保持控制系统的稳定可靠运行，则在原有的 PID 控制基础上，引入一个模糊控制器进行复合控制，起到 PID 控制器参数自校正作用。

4）应用效果

该系统投入使用后，提高了溢流粒度合格率，且磨矿作业稳定，避免了人工作业诸多不合理因素，为浮选工艺创造了良好的条件，取得的经济效益显著。其中，提高回收率0.97%，多回收黄金 6300 g/年，扣除销售费用，增加效益 40.95 万元/年；节约钢球 29077kg/年，节约费用 8.7 万元；节约电耗 190820kWh/年，节约费用 9.5 万元；磨机台时处理能力增加 1.4

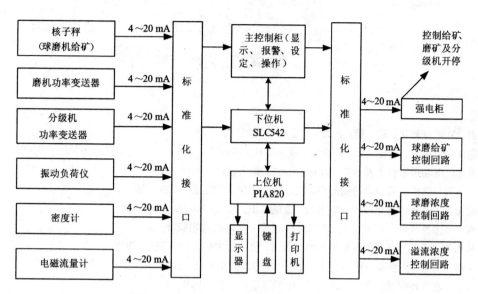

图 4 - 35　系统配置框图

t/h，节约矿物加工成本 30 万元/年。仅以上几项合计增加经济效益 89.15 万元/年，磨矿自动化投入资金 40 多万元，半年即可收回投资。同时，磨矿自动化改善了工作环境，减轻了岗位工人的劳动强度，为企业管理提供了准确的数据，提高了企业的管理水平，值得在矿物加工工厂中推广应用。

习　题

4 - 1　什么是计算机控制系统？

4 - 2　计算机控制系统与连续系统相比有哪些特点？

4 - 3　叙述计算机控制系统的工作过程。

4 - 4　计算机控制系统由哪几部分组成？

4 - 5　计算机控制系统有哪几种典型的应用形式？其工作原理如何？它们之间有何联系与区别？

4 - 6　分布式计算机控制系统(DCS)的特点是什么？

4 - 7　什么叫做现场总线控制系统(FCS)？与 DCS 相比有何有点？

4 - 8　什么是嵌入式系统？与通用型计算机系统相比有何特点？

4 - 9　简述计算机控制系统的发展过程。

4 - 10　未来计算机控制系统的发展趋势是什么？

4 - 11　简述选矿厂 DCS 控制系统的几种特殊方法。

4 - 12　叙述 DCS 控制系统的基本调节规律。

参考文献

[1] 苏震. 选矿自动化,第二版. 北京:冶金工业出版社,1995

[2] 选矿手册. 第五、六卷. 北京:冶金工业出版社,1999.7

[3] 吴勤勤. 电动控制仪表及装置. 北京:化学工业出版社,1991

[4] 葛之辉等. 选矿过程自动检测与自动化综述. 中国矿山工程,2006,35(6)

[5] 李晓岚等. 选矿自动化技术的新进展. 金属矿山,Series No. 260 June 2006

[6] 吴旗. 传感器与自动检测技术(第二版). 北京:高等教育出版社,2006

[7] 张功铭等. 新型传感器及传感器检测新技术. 北京:中国计量出版社,2006

[8] 宋文绪,杨帆. 传感器与检测技术. 北京:高等教育出版社,2004:4~5

[9] 杨宝清. 现代传感器技术基础. 北京:中国铁道出版社,2001:5

[10] 张宝芬,张毅,曹丽. 自动检测技术及仪表控制系统. 北京:化学工业出版社,2000

[11] 张德泉等. 集散控制系统原理及其应用. 北京:电子工业出版社,2007

[12] 张艳兵等. 计算机控制技术. 北京:国防工业出版社,2008

[13] 王彩霞等. 集散控制系统(DCS)在磨矿作业中的应用. 有色金属(选矿部分),2002:43~44

[14] 胡寿松. 自动控制原理. 北京:科学出版社,2001

[15] 戴忠达. 自动控制理论基础. 北京:清华大学出版社,1991

[16] 马植衡. 现代控制理论入门. 北京:国防工业出版社,1982

[17] 谢绪凯. 现代控制理论基础. 沈阳:辽宁人民出版社,1980

[18] 胡寿松. 自动控制原理习题集. 北京:科学出版社,2003

[19] 程树生. 控制理论基础例题与习题. 哈尔:哈尔滨工业大学出版社,1985